U0520529

越懂人性,
越会恋爱

扎南 著

中国文史出版社

图书在版编目(CIP)数据

越懂人性,越会恋爱/扎南著. -- 北京:中国文史出版社,2025.5

ISBN 978-7-5205-4377-4

Ⅰ.①越… Ⅱ.①扎… Ⅲ.①心理学-通俗读物 Ⅳ.①B84-49

中国国家版本馆CIP数据核字(2023)第190800号

责任编辑:薛媛媛

出版发行:	中国文史出版社
社　　址:	北京市海淀区西八里庄路69号院　邮编:100142
电　　话:	010-81136606　81136602　81136603(发行部)
传　　真:	010-81136655
印　　装:	廊坊市海涛印刷有限公司
经　　销:	全国新华书店
开　　本:	880×1230　1/32
印　　张:	9.5　　　　字数:207千字
版　　次:	2025年5月第1版
印　　次:	2025年5月第1次印刷
定　　价:	59.80元

文史版图书,版权所有,侵权必究。

文史版图书,印装错误可与发行部联系退换。

序

恋爱这件事,是人类生活中一段充满兴奋、激情与新奇的体验。然而,对于那些在恋爱方面毫无经验的人来说,恋爱却充满了困惑、犹豫和挑战。当你翻开这本书时,我猜你正面临着一个重要问题:作为一个不了解恋爱规则、不懂人性的情感小白,究竟该如何在复杂的情感世界中找到属于自己的归宿?

我写这本书的初衷,是为那些在恋爱中迷失方向、陷入迷茫的人提供指引与帮助。在书中,我会深入探讨恋爱的各个阶段,帮助你认识每个阶段的挑战、机遇以及相应的行为模式。同时,我还会基于人性,提供切实可行的认知与操作方法,让你在恋爱的道路上少走弯路,更好地拥抱爱情。

首先,我们来探讨恋爱的吸引阶段,这是恋爱的起点。在这个阶段,你会了解到如何展现自身优势,吸引潜在伴侣的注意力,从而建立起相互吸引的基础。我会教你用科学有效的方法实现脱单,而非盲目依赖所谓的"感觉"。

接着,我们进入交流阶段,这是与对方建立联系的关键环节。你将学习如何与他人进行有效沟通,建立真诚且深入的对话。同时,我还会为你分享在交流阶段容易遇到的一些陷阱,提前帮你规避风险,让你在恋爱过程中少走弯路。

在恋爱的进阶阶段，我们会探索如何建立更为亲密且稳固的关系。你将学习如何与对方建立信任、分享生活以及构建共同的价值观。

紧接着，我们深入探讨交心和暧昧阶段。这两个阶段通常是感情发展的关键时期，也是容易出现问题的阶段。我会提供实用的建议，帮助你平衡自身情感，为未来关系奠定坚实基础，同时帮助你安全、快速地解决暧昧阶段中的各种不确定性问题。接下来，我们将探讨蜜月阶段。这是恋爱中美好的时光，但也是容易出现问题的环节。如何度过这美好且脆弱的阶段，是这部分的核心内容。我将分享如何保持浓烈的感情，建立关系的长效机制。

当你有幸经历完蜜月期的甜蜜，也请不要轻易放松。随着问题爆发阶段的到来，我们必须做好准备迎接各种挑战。这一板块将探讨如何解决冲突、处理分歧，以正确方式应对问题，使关系更加稳固。

接下来，我们将探讨恋爱的平稳和上升阶段。你将学习如何保持亲密关系的稳步发展，同时学会为自己和伴侣的感情找到新的"情感上升点"，不断加固感情的"护城河"。

无论你是单身、正在寻找伴侣，还是已经处于一段关系中，本书都能为你提供实用的建议和指导，帮助你在恋爱道路上更加自信、明智地前行。

请记住，恋爱是一次自我探索与他人连接的过程。我的目标是帮助你了解自己和他人，从而建立起一段稳固且充满幸福感的关系。

祝你在这段旅程中收获宝贵的经验和真挚的爱情！接下来，我们的旅程即将开启。

目　录

相识期：吸引，好奇心　　　　　　　　　　　　1

恋爱高手都懂的道理　　　　　　　　　　　　3
如何避免在感情中"高不成低不就"？　　　　　6
姐弟恋会有结果吗？　　　　　　　　　　　　10
为什么人家总是不找你？　　　　　　　　　　12
"忽冷忽热"真的能拿捏别人吗？　　　　　　14
主动出击会"掉价"吗？　　　　　　　　　　17
"我对你没感觉"的潜台词其实是……　　　　20
学会这招，让对方不知不觉爱上你　　　　　　22
觉得自己没有吸引力？试试这么做　　　　　　24
为什么有人一开口就让人印象深刻？　　　　　27

与异性接触，如何快速建立熟悉感？ 29

交流期：身份信息互换 33

频繁聊天能让对方喜欢你吗？ 35
如何聊天能让别人觉得你很有趣？ 37
聊天高手的思维方式是怎样的？ 40
聊天总是遇冷，调整标点符号试试 43
准到吓人的读心术是如何练成的？ 46
第一次约会需要注意点儿什么？ 49

深入期：分享生活细节 53

你是否因为怕尴尬，就拼命找话题？ 55
为什么聊天总是没话题？ 58
"聊得来"真的没那么重要 61
游戏比你好玩？因为你不懂反馈 64
为什么对方聊天越来越没耐心？ 66

交心期：精神世界交流 71

到底是什么让关系更加亲密？ 73
理解先于建议 75
两个人分享什么有利于建立深度关系 79
怎么学了很多话术，还是不会沟通？ 82
聊天时，如何快速引起共鸣感？ 85
如何读懂对方的潜台词？ 89

如何激发对方的聊天欲望？	92
到底怎么做才能有效增进感情？	95

暧昧期：确定关系，从朋友升级到亲密关系   99

关系模糊不清？也许是漏了这件事	101
为什么暧昧对象毫无征兆变冷淡了？	104
感情中，怎样才算势均力敌？	107
两个人在一起真的需要恋爱技巧吗？	110
总觉得别人喜欢自己，是病吗？	112
其实，这才是异性最享受的暧昧状态	116
如何判断对方是真心还是假意？	119
如何判断一个人是否喜欢你？	122
如何看一个人是否忠诚？	124
如何让对方主动追你？	128
如何通过暴露小缺点，让对方更爱你？	131
异性送贵重礼物，到底要不要收？	134
为什么有的人只暧昧不恋爱？	138
如何让对方忍不住向你表白？	140
男女关系中的"度"该如何拿捏？	144

蜜月期：甜蜜新鲜   149

不公开恋爱关系的人怎么想的？	151
如何防止在亲密关系中心态失衡？	154
经常夸对象会不会让对象飘？	157
两个人交往多久才能发生关系？	160
情侣间最舒服的相处模式是什么？	163
聊聊性价比最高的恋爱心态	167

如何潜移默化地影响一个人？ 170
分手高发期，越亲密越无话可说？ 174

问题爆发期：多巴胺消退，争夺控制权 177

怨种语录：你变了，我们分手吧 179
为什么总互相试探？打直球不好吗？ 182
为什么有那么多"词不达意"的误解？ 185
真的会忙到没空回微信？ 188
为什么你们一开口就吵架？ 195
当我们翻旧账时，到底在翻什么？ 198
如何判断你的感情能否继续？ 200
经常吵架还适合在一起吗？ 203
越来越多人正在杀死自己的爱情 205
感情崩塌，从产生"受害者"心态开始 208
亲密关系的博弈，靠的是这一点 211
最痛快的相处，是忠于自己的底线 214
一开口就吵架？如何才能"好好说话"？ 217
会说话，先搞懂沟通的底层逻辑 221
总忍不住怀疑对象？不妨试试这个办法 224
对象介意你的过去，最好这样处理 226
"不如我们冷静一下"这句话怎么回？ 228
别总去试探你的对象 232
控制欲太强了怎么办？ 236
如何让一个人心甘情愿为你改变？ 240
对方为什么不喜欢跟你聊天？ 244
伴侣总喜欢说谎，怎么办？ 246
别拿"迁就"当成包容 249

对象做错事，有没有必要去惩罚？　　　　　　252
对象的手机到底能不能看？　　　　　　　　　255
吃醋是一种高级撒娇　　　　　　　　　　　　258

平稳期：知根知底，踏入平稳　　　　　　　261

一段长久的感情，应该是两个人都舒服　　　　263
如何作而不死，越作越被爱？　　　　　　　　266
亲密关系中，真正的信任从何而来？　　　　　269

上升期：螺旋上升，成为真正的伙伴　　　　275

如何让一个人离不开你？　　　　　　　　　　277
如何拉近两个人之间的心理距离？　　　　　　279
分享一个高质量陪伴的实用建议　　　　　　　282
让关系越来越亲密的秘诀：参与感　　　　　　285
有了这个认知，我们变得亲密无间　　　　　　288

相识期

吸引，好奇心

恋爱高手都懂的道理

记得有一次大学同学聚会，有一位女生令我印象深刻。在大学期间，无论是学霸，还是学生会会长，抑或是篮球队队长，都曾拜倒在她的石榴裙下。她的颜值只能算中等，出于职业病，我特别好奇她是如何做到这些的。刚好她坐得离我比较近，于是我便找她搭话。

我还没开口，她就注意到了我，一直笑眯眯地看着我，显得十分平易近人。一番嘘寒问暖之后，我们熟络了不少。我试探着问道："其实我挺好奇的，大学时你是怎么做到'搞定'那么多男生的？"她笑眯眯地回答："不仅大学的时候，现在也是。"说着就打开手机给我看，好家伙，上面全是微信小红点，很多男生给她发消息，有的约她吃饭，有的给她发红包，还有跟她表白的。

此时我更加好奇了。后来她也没多讲什么，只是分享了几段与男生接触的经历。聚会后，我思考了很久，结合她的经验以及我与她交流的感受，总结出她在和男生接触过程中的四个特点：

可选择项很多；
毫无目的性；
总能做到统一阵线；
制造"能够得到她"的假象。

可选择项很多

这一条我印象特别深刻，因为我刚跟女朋友约会时，她就用过这招。当时她还不是我的女朋友。约会时，她对我说："本来有个男生约我去看电影，我没时间去，所以拒绝了。不过你约我，我就来了。"这个做法十分高明。首先，她向我传递了一个信息，即有很多人追求她，我存在竞争者。这激发了我的竞争心理，同时让我意识到她很有异性缘。于是我会不由自主地想要在她面前展现出自己是最优秀的男生。其次，她让我明白我是被特别对待的人，这变相地增强了我能竞争过别人的信心，进而增强了我去竞争的动力。而有些女生会通过表达"我有很多备胎"来证明自己有竞争力，但这种做法往往会让一些男生觉得女生对待感情不够重视，从而产生抵触心理。

毫无目的性

毫无目的性指的是，在相处过程中，不会表现出任何"我对你有所图"的行为。诸如要求送花、要求送礼物、要求发红包之类的行为，一概没有。那个女生曾对我说过一句我非常认同的话："靠那点儿蝇头小利来获取自己的价值感，是一件挺可悲的事情。"实际上确实如此，只要细心观察，就会发现很多出轨被抓的男生，都会习惯性地维护"小三"，说她们很单纯，只是因为爱才和自己在一起，不图自己任何东西。明明是一目了然的事情，男生却看不清楚，这是为什么呢？原因就在于在相处初期，"小三"能营造出一种"我只是爱你，不图你任何东西"的氛围。这种无条件的爱，很能戳中一些男生的内心。

总能做到统一阵线

我跟那个女生搭话时，介绍自己是做咨询师的，她第一反应是："那一定很心累吧，要听那么多人吐苦水。"说实话，我真的被触动到了。我当时觉得她懂我，听到她这么说，确实就忍不住想要向她倾诉一番自己的心累经历。

每个人都有一个不变的需求，那就是被理解、被看见。只有这样，人才能感受到自己的价值所在。在现实社会中，具有深刻洞察能力的人少之又少，很多男生从小到大几乎都没有体会过被理解的感觉。内心痛苦的人，往往一点点甜就能填满他们的心。正是这一点点甜，让他们愿意为了这份甜蜜赴汤蹈火，在所不惜。就像溺水之人，只要手中抓到一丁点儿希望，都绝对不会放手。

制造"能够得到她"的假象

在生活当中，那些让男生欲罢不能的女生，往往都具备一个显著特点，那就是容易相处，却又很难真正得到。而"易相处"这一点本身，其实就是在给对方制造一种"能够得到她"的错觉，进而让对方不由自主地将注意力聚焦到她身上。

不妨试着回忆一下，那些特别善于和男生相处的女生，基本都有着这样的特点：相处起来轻松愉快，可想要与她们确定恋爱关系却并非易事。你会发觉她总能和所有男生都玩得很融洽，可却很少听说她和哪个男生正式在一起了。跟她一起玩耍的时候，你常常能开些玩笑来活跃气氛，你抛出的各种话题她也都能接上、聊得来。然而，一旦你向她表白了，她就会告诉你，她只是把你当作朋友而已。这种感觉就好似你在地上看到了一张百元大钞，满心欢喜地捡起来后，却发现是张假币，瞬间那种失落与不甘交织在一起，一种强烈的征服欲望也就随之被激发出来了，最终你就会对她越发欲罢不能了。

虽然有些追求感情的技巧和方法，可能不太契合大家一贯秉持的价值观念，但是在我看来，技巧本身是为人们更好地经营感情而服务的。我分享这一切，是希望大家在了解、掌握了这些之后，能够让自己的感情之路走得更加顺遂通畅。不过，大家在运用这些方法的时候，可千万别为了让自己的感情之路一帆风顺，而让别人陷入无路可走的境地呀。毕竟，感情世界里，还是需要秉持真诚与善良，这样收获的感情才更加珍贵且长久。

如何避免在感情中"高不成低不就"？

在感情的世界里，你可能会遇到这样几种不同的情况。

第一种情况是，当你遇到一个人时，瞬间就被对方深深吸引住了，进而对其疯狂迷恋，整个人变得不知所措，就连之前学过的任何恋爱技巧在这时都派不上用场了。倘若出现这种状况，那么大概率来讲，这个人是不太适合你的，对方至少在感情段位上要比你高出一截。要是你不管不顾地硬扑上去，结局往往不太乐观，要么可能会被对方骗取感情甚至身体，要么就会收到对方发的"好人卡"，被委婉拒绝，又或者是沦为对方的"备胎"，只能在无尽的等待中消耗自己的青春时光。

第二种情况是，你遇到一个人，同样也被对方深深吸引住了，不过不同的是，对于该如何去征服对方，你心里是有清晰思路的，心里很有谱。如果是这样，那就说明这个人和你在感情方面势均力敌，是非常适合你的类型。和这类人相处的时候，你只要稍微向对方释放一些好感信号，两个人走到一起的成功率就会非常高。

还有第三种情况，你遇到一个人，对这个人并不反感，而且心里清楚该怎么去吸引对方，甚至知道自己一旦出手追求的话，成功率能在80%以上。这种情况下，其实这个人也是不太适合你的，因为你在感情段位上至少要比对方高出一个层级，这类人更像是你的备选项。

总结来看，这三类人分别属于不同的类型，第一类人可以说是"高不成"的男（女）神级别，第二类人属于与你势均力敌的知己，第三类人则属于"低不就"的追求者。

在现实生活中，常常出现的普遍现象就是，很多人一门心思地追求着第一类人，同时又把第三类人给吊着，只跟第二类人以兄弟或者知己的方式相处着。到最后呀，除了极少数通过自身不懈努力成功搞定了第一类男（女）神的幸运儿之外，大部分人都是既搞不定心目中的男（女）神，又和原本可以成为恋人的知己处成了纯粹的兄弟（姐妹）关系，最终只能无奈地在众多追求者当中，挑选一个各方面条件相对最好的追求者作为伴侣了。

就拿第一类人来说吧，他们多半是你在某个特定场合"一见钟情"的对象，遇到他们的时候，你甚至会打破自己一贯坚守的感情规则，主动去搭讪对方。当然了，也有极少数情况是对方主动来搭讪你，但这种时候，对方多半是居心不良，可能怀着一些不太单纯的目的。

和这类"高不成"的人相处起来呀，更多的时候，你是很难真正开心的，也就是偶尔能满足一下自己的虚荣心罢了。毕竟你们彼此之间在感情价值方面是不对等的，对方的价值明显高于你，在对方眼中，你可能只是众多择偶对象里的其中之一而已。所以呢，要是你想和对方维持住这段关系，那就需要投入大量的时间和精力，甚至有时候还得去讨好对方。在这个过程中，你会发现自己的付出和收获完全不成正比，一定是付出远远高于收获。往往是自己费尽心思讨好半天，才换来对方的一丁点儿回应，根本没办法满足你内心所期望的回报。所以总体来讲，跟第一类人相处，幸福感是最差的。

而对于第三类人，几乎都是对方主动搭讪你而认识的。你身上一定有对方非常迷恋的地方，可能是你的外形很像他（她）的前任，也可能是你的身材、颜值符合他（她）所有的幻想。这类人目的性极强，强到你甚至能明显感觉到，对方就是冲着你身上某个点而来的。正因为他们目的性太强，所以会让你感觉差点儿"意思"，或者说，让你觉得这段感情不够纯粹。

若跟第三类人维持关系，你只需适当放出一点儿钩子，就能让对方疯狂地追着你跑。此时，你只需稍微付出那么一点点，就能收获超过自己付出的回报。然而，你内心深处清楚，这种吸引并不长久。所以，你并不打算和第三类人建立起亲密关系。

"我喜欢的人不喜欢我，喜欢我的人我不喜欢"，这句话描述的就是第一类人和第三类人。现实中大部分人都在这两类人之间徘徊不定，选择第三类人吧，不甘心；选择第一类人吧，又搞不定。

但不管是第一类人还是第三类人，最终的亲密关系一定是不顺利的。因为在感情开始前，你们的关系就已经不平等了，要么对方在感情上高于你，要么你高于对方。

而第二类人其实是最适合的，可为什么大家都注意不到第二类人呢？这是因为第一类人和第三类人给你的体验太强烈了，强烈到你甚至忽略了第二类人的存在。

第二类人有个比较明显的特征，就是他（她）活跃在你的社交圈子里。他（她）不是那种突然冒出来的人，可能是你的同学、同事，同一栋办公楼里的人，或者同一个小区的邻居。这类人与你的基础水平相近，所接受的教育水平、成长环境都差不多。可以理解为，在所有聊得来的人当中，他（她）是你最满意的一个。

然而，恰恰是因为太聊得来，以至于你把精力都放在了"聊"上面。你们什么都聊，天南地北，各种话题都能侃侃而谈。但是如果有人问你是不是喜欢他（她），你会第一时间否认，然后说："怎么可能？我们是很好的朋友。"之后，你就真的把他（她）当作朋友来相处，相处着相处着，就成了知己。最终，你们就彻底错过了成为恋人的机会。

如果你先接触了第一类人，会让你误以为所有感情都得有强烈的心动。如果你先接触了第三类人，会让你误以为所有感情都要将你捧得高高在上。当接触过前两类人后再接触第二类人，内心很难接受。就像吃过山珍海味后再吃粗茶淡饭，会觉得索然无味。但要知道，只有皇帝才天天山珍海味，普通人的常态就是粗茶淡饭。认清自己，也就认清了该吃什么。

姐弟恋会有结果吗？

姐弟恋最大的摩擦点在于年龄差异。年龄相差较大时，容易引出三个容易产生摩擦的"不一样"。

环境背景不一样

最典型的当属学生男和工作女这一组合。二者所处的环境背景不同，学生男只需搞定自己的学习问题就行，况且还有人管吃喝，能够满脑子想着谈恋爱的事儿。然而工作中的女生就不一样了，得对自己的人生负责，要开始努力赚钱、提升自己、做好工作、想办法晋升等等。这两种不一样的环境往往会衍生出一个问题，那就是一个满脑子只想着谈恋爱的男生和一个将大部分精力投入到职业中的女生，必然会在相处时间这件事上产生矛盾。没工作过的学生男，在他们眼中，上班跟上课没什么区别，不过是去一个特定的地方坐着罢了，所以会觉得女生跟他一样有时间聊天。但工作中的女生肯定不会这么想，在真正的职场里，尤其是处于上升期的职场，更是没什么时间聊天。

人生课题不一样

最经典的当属结婚问题。年轻的小男生，既没做好心理准备步入婚姻，也缺乏经济能力去经营婚姻。他们一心就想着多挣点儿钱，多谈几年恋爱。然而有些姐姐们却不一样，在家庭和社会舆论的双重影响下，会产生年龄焦虑，其中一部分人（只是一部分人，并非所有人）有着短期内结婚的需求。这两者的不同，又会衍生出一个问题，那就是两个人很容易在"什么时候结婚"这个问题上耗尽心力。

身体素质不一样

我个人觉得三十岁是一个分水岭。记得我大学时，整个人精力十分充沛，当时我们宿舍的人还尝试过租单车，从早上7点一直骑到晚上8点，骑得大腿和屁股都痛了，晚上睡一觉，第二天又"满血复活"去爬山了。而现在，我开电瓶车出门买个菜都觉得麻烦，天天只想躺着不动。这种不一样会导致的问题是，你会发现弟弟似乎有用不完的精力，可自己却跟不上了。他能熬夜打游戏，而你却不能。又或者好不容易周末，你只想在家休息，可弟弟却想着出去玩，这也容易产生一些摩擦。

以上三个点属于客观问题，客观问题并非调整下心态就能忽视的问题，比如身体素质不一样的问题，就很难通过调整心态来解决。坏处在于，两个人不同的身体素质、不同的人生课题、不同的生活环境，会造成两人在观念和想法上的强烈冲突。

这种观念上的差异，会使两人面对同一件事时，持完全不同的态度，采取截然不同的做法。此时就会面临一个问题：到底听谁的呢？而这个问题，是大多数人感情问题的开端。如果处理不好，很容易引发矛盾，进而争吵。

不过事物都有两面性，上述说的是姐弟恋的坏处，接下来看看好处，那就是可以丰富彼此的人生体验。例如，接触比自己年轻的人，能让自己的心态、视角更积极、年轻。而且，年轻弟弟所面临的一些人生课题，自己都经历过，能给出具有实际性的解决思路，这是与弟弟同龄的女生所不具备的优势。

以上就是姐弟恋大概率会遇到的问题以及好处和坏处。我无法替你做决定，不过可以罗列一些客观信息供你参考，希望能帮助你做出谨慎的选择。

为什么人家总是不找你？

我经常会收到一种类型的提问："一个人从来不主动给你发消息，但你给他发消息他都会回复，这是怎样的心态？"这虽是个小问题，但其背后蕴含着男女交往的一个真相。我觉得它很典型，所以拿出来写一写，希望能给你们一些启发和思考。

首先回答问题：对方不主动找你，是因为你对其而言没有任何价值。男女关系的本质在于价值互换。

一个人做任何事都是有动机的，而动机的产生源自需求。什么是需求呢？就是你所需要的东西。通常在什么情况下，你会需要某样东西呢？那一定是你自身并未拥有的东西。你若喜欢一个人，必定是对方具备了你所没有的特质，并且这种特质是你很难拥有的。例如，自信、幽默等。

你很喜欢唱歌，然而你唱歌不好听，你会很羡慕唱歌好听的人。当你遇到一个唱歌很好听的人时，那么你大概率会对这个人产生好感。倘若有一天你掌握了唱歌的技巧,这个人对你的吸引力必然会大打折扣。因为你的需求能够自己满足,无须再通过对方来满足了。

人与人之间的交往,核心必然是价值互换。无论是情感价值还是实质价值。情感价值指的是对方能让你体验到开心、快乐、自信、满足等正向的感觉。实质价值则是对方能教你新的知识,或者提供一些经济方面的资助。若说自己爱上一个人却别无所求,抱歉,我不信。

比如你喜欢上一个人,是因为这个人的样貌、气质是你喜欢的类型。当你跟喜欢的人在一起时,你感到舒服、快乐,这就是你看中了这个人的情感价值。

带着开头的问题,来思考一下,对方找你聊天能得到什么利益价值?

1. 你聊天很有趣,在情绪上能给别人很好的体验。
2. 你说话很有内涵,肚子里有墨水,能够给人家新的知识、新的理念、新的认知。
3. 你很有钱,别人能从你身上获取到金钱利益。
4. 你很帅/很美,光是跟你聊天,就已经感觉如沐春风。

思考一下,以上四点你满足了几点?如果一个都不满足,对方为什么要花时间,主动来找你聊天?但是为什么主动找对方,对方也不拒绝你呢?前面说到了,如果你对这个人没有任何价值可言,人家没有必要跟你交流。至于你找人家,人家为什么不拒绝你,是因为当你找人家的时候,对方体验到了被追捧的感觉。也就是说,你为这个人提供了微弱的情感价值。

往长远一点儿想,你天天找人家,人家肯定知道你喜欢她的。虽然她不想跟你在一起,但是她也不想你不喜欢她。万一哪天你变帅了,或者变有钱了呢?她不想错过这种可能性,所以要把你留在身边。怎么留呢?她只需要每次在你找她的时候,回复几句,就够了,甚至都不用在你身上花时间。

当我在你身上的投入>你能给我的价值时,我为什么还要主动找你?

当我在你身上的投入<你能给我的价值时,我为什么还要跟你在一起呢?我不用投入,你也能满足我,这叫什么?备胎。

只有当我在你身上的投入=你能给我的价值时,我们才是朋友、恋人或者合作伙伴。

最后总结一下:开始和维持一段关系背后的真正动机,是需求。而需求取决于价值。

"忽冷忽热"真的能拿捏别人吗?

"微信对话框里面的最后一条消息,还是两天前发给他的那一条'晚安'。到底哪里出了问题?之前那个恨不得把自己每日行程都主动跟我汇报的男孩子去哪儿了?现在变成了只有我在主动找他。好烦恼,每天脑子里都在想着他在做什么。"

以上是一位读者跟我聊天的时候所表达的烦恼。"忽冷忽热"这种行为,似乎在亲密关系中,有不少人都遇到过,或者使用过。这是一种需要警惕的行为,下面就来展开讲讲。

"忽冷忽热"是利用了人的上瘾机制

相信被"忽冷忽热"的小伙伴，都经历过那种咬牙切齿、情绪不稳、焦虑不安的状态，不过一旦收到了对方的回复，立马又像打了鸡血一样。但是只要对方停下不理，那种心痒痒的情绪马上就涌上心头。这种充满冲突的矛盾状态会让你整个人内耗严重，痛苦不已。

这种痛苦的反应跟上瘾后的戒断反应特别像。戒烟、戒酒过程中产生的负面情绪，就是戒断过程产生的副作用。所以说，"忽冷忽热"所产生的并不是吸引，而是利用了你的上瘾机制。上瘾机制就是让你对"下一个"充满期待。"忽冷忽热"地对待你时，会让你产生一种不确定性，你不确定对方"下一次"是不是会对你变好。像赌博一样，你永远觉得你"下一把"会赢；看抖音视频也是一样，你总觉得"下一个"视频会更加精彩。赌十把，只要你赢了一把；看了十个视频，只要有一个视频让你觉得惊喜，就会加强你对"下一个"的期待，所以你根本停不下来。感情中也是一样，恋爱经验少的小伙伴，会误以为这是爱情。一定要警惕"忽冷忽热"。这不是爱情，这只是对方通过上瘾机制奴役了你的大脑。真正的爱情是会让你感觉到愉悦，而不是焦虑、痛苦。

不敢直视自我，才有这种手段

给大家分析这个上瘾机制，不是为了教大家如何去"忽冷忽热"地对待别人，而是让你去识别这种套路，避免踩坑。我非常不建议大家使用这种办法去吸引别人。因为只有不敢直视自我的人，才会去使用"忽冷忽热"的手段来吸引他人。这类人内心觉得真实的自己不值得被爱，一旦暴露了真实的自己，就会被抛弃，所以要通过这种作弊的手段来跟他人建立亲密关系。其实这本身也是一种自私的行为，企图通过"忽冷忽热"的作弊方式，来越过"深度了解"这道大坎，直接建立亲密关系。但是你既不了解别人，也不让别人了解你，就谈不上"爱"，顶多是活在自己构建的假性亲密关系中。

这种吸引永远不能维持长期亲密关系

之前的文章里我强调了无数次，只有真诚地分享自己内心真实的感受，才有机会去建立深度长期的亲密关系。"忽冷忽热"这种利用上瘾机制来吸引别人的方式，终究属于低级快乐，稍纵即逝，却又渴望一直拥有。上瘾机制本身只会让你痛苦，除此以外你得不到任何收益。长期的痛苦和压抑，就像定时炸弹一样，深埋在你们的关系当中，会在将来的某一天爆发。

这足以让一个人长期处于内心矛盾当中，收获不到真正的快乐。我始终认为"真诚"是构建长期亲密关系的基础，如果你在生活中遇到"忽冷忽热"的人，请尽早远离；如果你之前一直信奉"忽冷忽热"法则，请停止对他人实施。如果你不知道自己是否深陷"忽冷忽热"的困扰当中，只需要秉持这个判断标准：我现在是否开心、快乐？一旦痛苦>快乐，请立刻远离。

主动出击会"掉价"吗？

你喜欢一个人，会主动去追求吗？我发现有不少找我咨询的小伙伴都是不愿意主动去追求。

网上也充斥着这类言论，比如主动了就掉价；男生就必须得主动追女生；主动追来的都是没结果的。

接咨询那么久，我见过很多人恰恰是因为这类心态，错过不少优质伴侣。我们来思考一个问题，一个你喜欢的人，他愿意来追你的可能性有多大？假如你的自身条件还不错，颜值和身材都是中等水平，这个时候，你遇到一个喜欢的对象，觉得他看起来各方面都很优质，情绪价值、颜值、身材、收入、家庭背景都不错。你觉得终于遇到一个靠谱的了。当你满心欢喜答应和他出去吃了一顿饭后，你发现，他不搭理你了。

你知道为什么吗？因为你喜欢的人，不止你一个人在喜欢。但凡是能够让你产生好感的男生，基本上他都会有一个或一个以上的优点，是打败了其他男生的。这些优点，你喜欢，别人也喜欢呀。

就好像你在商场看到一个包包，你喜欢，别人也喜欢。可是这个包包只剩一个了，怎么办呢？抢呗。这就说明对方的选择其实比你想象中的要多很多，企图搞定他的女生，不止你一个。颜值在线的女生肯定能懂我这句话，因为这类女生身边也从不缺乏追求者。

这种情况下，就别幻想人家会主动来搭理你了。这就好像你在一家水果店里挑水果，除了你，还有其他顾客在抢着付钱。而你却在对老板挑三拣四，这个时候，你觉得老板会怎么对你呢？我说那么多，并不是非要强迫大家去主动追求男生，而是希望大家认清现状，跳出自己的想象。

我曾经在微信朋友圈做了个调研：

> 扎南
> 做个小调查，你能接受【女追男】吗？接受的扣1，不接受的扣2

当天 14 点发的，截至 22 点，回复"1"的有 31 人，回复"2"的有 5 人。调研对象是我的微信好友，主要城市来源为北京、上海、广州、深圳。虽说这不是一项严谨的调研，仅仅是给大家做一个参考，但至少说明在我的圈子里，大家都是会主动的。一部分人主动，就会挤压掉另一部分人的机会，别人机会多了，你的就少了。别总想着守株待兔，好东西会自己送上门。天下哪有这么多好事呢？真有好事上门，那也是骗子。也不是说完全没可能遇到好事上门，有，但是概率极小。与其去碰概率，不如去做点儿什么。那我们还能怎么办呢？

第一，不要羞于告诉大家，你渴望脱单这件事。

渴望脱单不羞耻，坚持单身也很酷。但是最怕的是，你渴望脱单的同时，却在用坚持单身来标榜自己特立独行。脱单的首要任务是让别人知道你渴望脱单呀，不然人家觉得你有对象了，或者你不想谈恋爱，那人家接触你的意愿自然就低了。我有个朋友，每次出去聚会，大家都说要给她介绍对象，她每次都说不用，或者笑笑不回应。给人的感觉就是"我不想脱单呀"。

可是暗地里她又会来问我，为什么没有男生主动追求自己。而阻碍她脱单的思维恰恰正是："喜欢就会来追我呀，还需要介绍吗？"

第二，不要在暧昧阶段用恋人的身份去对待别人。

什么身份就做什么事情。你们的关系只处于暧昧阶段，关系还算不上情侣，你马上就用情侣的身份来要求他，这会吓坏别人的。暧昧只是一个接触试探的过程，并不是说和你暧昧，就要对你负责一辈子。只在暧昧阶段，你就期望别人来秒回你，期望别人天天找你聊天，不找你了你还阴阳怪气，人家就会觉得，还没确定关系呢，她就这样了，如果真在一起，那还得了，算了算了。

第三，不要把事情做绝。

相信很多相亲的小伙伴会理解我这句话的重要性，很多人会在相亲期间撕破脸，弄得事情没有回旋余地。接触了不少人之后，发现撕破脸那个人才是最优选择。这个时候，就无力回天了。

我发现很多小伙伴认识一个男生，如果在接触阶段，得到了一些不好的反馈，比如回复慢、回复不热情、情绪价值不高等，她们就会把局面弄得非常难看，比如拉黑、删除、说难听话。而往往理由都是：我又不缺朋友，留着干吗呢？也许眼前这个人当下你接受不了，但是过后会发生什么变化，你根本无法预测。所以不要轻易将一段关系弄得很难看。"做人留一线，日后好相见"，就是这个道理。

"我对你没感觉"的潜台词其实是……

给大家分享一个只要你理解了，就能在感情中开挂的方法。但凡暗恋过，或者谈过恋爱的小伙伴，都会对一句话非常熟悉："你很好，可是我对你没感觉。"很多人觉得这是发"好人卡"的一种说辞。其实这是真话，人家真的对你没感觉。这也是我下面要重点分享的内容：到底什么是"感觉"？

所谓"有感觉"，其实是让对方获得奖赏性情绪的一个过程。奖赏性情绪指的是开心、放松、舒适的情绪。换言之，"对你没感觉"这句话，翻译过来就是"你没能让我开心，所以我不乐意和你在一起"。很多读者特别羡慕我的一个技能，一些在他们看来非常棘手的矛盾，交给我之后，总能调解。其实我并没有什么秘密武器，关键在于，我会关注情绪。我会根据截图里面对方说的话，来推断对方当时的情绪。

如果情绪是严肃的，那么回应就要正经。如果是坏情绪，就要进行安抚。如果是快乐的情绪，就去强化它。什么样的情绪，就应该说什么话。很多小伙伴一聊天就喜欢研究对方每句话的意思，恨不得解数学题一样，一个字一个字去分析。分析完了之后，给出的回应常常是牛头不对马嘴。你用逻辑思维去应对，是无法回应情绪的。这也是很多男生常常被指责不会聊天的原因。

一个男生跟你诉苦说，老板天天压榨他，好累。你傻乎乎地回答："工作就是这样的，习惯就好。""绿茶"小妹妹一脸心疼地说："哥哥辛苦了，这个老板真讨厌，我要去举报他。"你觉得"绿茶"小妹妹真恶心，可是渐渐地，你发现这个男生越来越少和你聊天了。这就是对你没感觉。

说了那么多，我们该如何制造点儿"感觉"呢？重点无非就是，多制造开心的情绪，别制造负面情绪。分享几个有效的实操建议：

成为对方的"社交货币"。多侧面展示自己的优势价值，让对方觉得，和你接触是一件非常开心的事情。让自己成为对方口中的"社交货币"。

怎么理解这个"社交货币"呢？大家回想一下，身边是不是总会有一些人嘴上经常说："我有个朋友就是搞金融的。""我有个朋友在银行工作。"这个"朋友"就是所谓的"社交货币"，一种拿出来后，有利于提高自己社会地位的东西，是人们愿意拿出来显摆的东西。

不要做让对方产生负面情绪的事。指责、抱怨、生气等会让人产生负面情绪的行为，都别做。指责会使对方滋生对抗的情绪，抱怨会使对方滋生嫌弃的情绪。除非这个负面行为能够为你带来更有价值的回报，否则别轻易展露出来。比如你表达生气，可以让对方知道，你的底线是什么，这个是可以展示的。

进行形象管理。形象本身就是一种奖赏性情绪，好看的人，会令人赏心悦目。不求你五官清秀，但也不能蓬头垢面。漂漂亮亮的确是上天赏饭吃，但是干干净净是每个人都能做到的。以上这三点，都是在你现在所拥有的基础上去调整，将劣势收起，将优势外显，就属于非常基础的形象管理了。

学会这招，让对方不知不觉爱上你

有的人会爱上跟自己相似的人，而有的人又会迷恋对方身上那些自己没有的特质。很多小伙伴到了这里，也许就迷惑了，那我吸引一个人的时候，该展示相似的特质，还是不一样的特质呢？有这个想法的小伙伴，其实又陷入二元对立思维的死胡同了。真相是，一个人爱上了你的相似性，同时也爱上了你的不同特质。两者是共存的，不是非 A 即 B。

用一句话来总结就是：真正吸引对方爱上你的是"相似的个性+互补的需求"。我来逐一解释下怎么运用这个技巧。

相似的个性，强调的是一致性，人类会对跟自己相似的人更加有好感。怎么理解呢？我之前说过，"被理解"这个需求是所有人都渴望的一种需求，当我们被一个人理解了，就说明对方知道了我们的感受和立场，这个时候，我们的情感和立场是一致的。所以我们彼此会产生好感。物以类聚也是这个道理，我们会天生地去寻求跟我们接近的人，因为这类人会让我们有安全感，并且对我们的认可度也更高。比如你在国外，满大街都是金发碧眼的外国人，突然看到了一个黄皮肤黑头发的中国人，你必然会倍感亲切。

要利用好人类这种追逐一致性的需求。当我们遇到一个人的时候，如果你想吸引他，你就需要展示一致性。一致性里面包含了行为、语言、习惯、潜意识等。比如，微信聊天过程中，你发现了对方会经常用一个表情，或者有一句口头禅，你就模仿对方，也经常发这个表情。我之前一位读者，和男生聊天的时候，总是善于发现对方的习惯用语。有一个男生每次聊天的时候，总喜欢用"牛掰"这个词。然后我的读者也开始用"牛掰"这个词，后来聊了一个多月后，这个男生对我的读者说："每次和你聊天都觉得好有亲切感，不知道为什么。"我的读者就是利用了语言上的一致性。一个人的说话方式，能够侧面反映出这个人的思维模式。当你用和对方相似的说话方式交流时，则会让对方在潜意识里觉得你的思维模式和自己的是一样的。

运用到日常生活的接触中，也是一样的。当你和对方约会的时候，一旦发生了一些突发事件，你第一时间要去观察对方是什么反应，下次你们再遇到类似的事情时，你也要做出和对方一致的反应。

再说说互补的需求。两个人一开始的一致性激发了彼此的好感和新鲜感，但是随着情绪的消退，难免会觉得乏味。这个时候就需要互补了。我们需要有一个人来弥补我们所缺失的部分。如果两个人都不喜欢做家务，那么房子必然会越来越乱，最终两个人都受不了。但如果一个人喜欢做家务打扫卫生，但是做饭很难吃，另一个人则喜欢做饭，但是讨厌做家务，那么这两个人就完美地互补了对方的需求。

需要注意的是，并不是随便一种互补的需求，就可以产生好的效果。如果说一致性是在追求"1=1"，那么互补性则是在追求"1+1>2"。两个人的互补，能成就更好的你们。比如我是感性的人，决策的时候容易受情绪影响，而你是理性的人，决策的时候更看重客观事实，这样我们两个人共同去做决策的时候，必然会更加合理。这样的两个人在一起，就可以扬长避短，相得益彰。

所以，两个人如果想要建立起长久的良性亲密关系，需要用相似的个性作为敲门砖去吸引对方，然后再用互补的需求来提升自己的不可替代性。通过这两个秘密武器的轮番"轰炸"，对方自然会不知不觉地爱上你，离不开你。

觉得自己没有吸引力？试试这么做

我发现很多小伙伴并不懂如何去吸引别人，基本只是按照自己的惯性去"吸引"。比如和暧昧对象交流时，就只是一直微信聊天，好像只要聊天的时间足够长，就能吸引到别人。又或者各种付出，对对方好，有空就嘘寒问暖，好像只要自己像他妈妈一样对他好，他就会被自己所吸引。以上"吸引"的办法不能说毫无价值，只能说意义不大。所以我决定展开写写，到底怎么样可以提高真正的吸引力。

吸引力是发现出来的，而不是伪造出来的。 首先，我们要摆脱一个误区，就是不要总想着去吸引固定的某一个人，点对点的吸引是很费劲的，你需要去了解这个人的喜好是什么，然后去投其所好。这种属于伪造的吸引力，不长久。因为那不是你本来就有的吸引力，只是通过伪装手段暂时获得的吸引力。而我所要讲的则是通过放大自己原有的吸引力，来筛选真正被自己原有的品质所吸引的人，就像一个固定频道的电波在不断寻找同频合适的人。

那么具体怎么去放大自己的吸引力呢？

第一，去展示你的优势，做你擅长的事，突出你的高光时刻。

比如说你身材很好，这是你的基因优势，那么从穿衣打扮上，就选择一些能够展示自己身材优势的服饰。之前有一个男生找我咨询，说自己想脱单，但是又不喜欢相亲，而且脸皮薄，所以他基本只能在社交媒体上去找对象。我了解他的情况后发现，他的数学很好，高考考了140分，但是偏科严重，英语不好。他的理性思维特别强，还会自己写代码做一些有趣的小程序。其实这些都属于他的优势特长，但在社交媒体的简介上，他都没有把这些展示出来。因为他觉得很平常，甚至有点儿浮夸，所以他的简介上只写了自己的基本信息和择偶标准。

这样的简介其实毫无吸引力可言，因为他只是在罗列信息，而没有展示价值，就像一瓶饮料上面写着"水＋二氧化碳＋糖"一样平淡无奇。但如果上面写着"夏日炎炎，有我超甜"，相比之下就更能命中真正需要喝饮料的人群，因为这句话展示了饮料的价值。后来我教他在简介开头写上："高考数学140分的英语学渣，写了一个自己用的小程序。"整体上前面重点展示自己的高光时刻，后面附上自己的基本信息。这么写的好处就在于，用自嘲幽默的方式展现了自己的高光时刻。"高考数学140分"和"学渣"形成强烈的反差感。而后面接上一句"写了一个自己用的小程序"，是什么小程序呢？自己写，这么厉害。短短一句话，隐藏了三个信息点，足以激发别人的好奇心来探索了。

再分享一个我的经历，有一次我跟前同事聚餐的时候，无意中发现坐我旁边的女生在豆瓣App上找房子。因为我也是豆瓣用户，觉得有共同话题了，就找她搭话。

我：你也玩豆瓣呢？

她：是啊，找房子呢，朋友说豆瓣找房子挺方便的。后来找着找着发现也有挺多有趣的内容呢。你也玩吗？

我：我不仅玩，我豆瓣还有一万粉丝呢。

她：哇，真的假的？！

我拿手机打开了豆瓣主页给她看，她就开始噼里啪啦问我一堆问题。比如：你是怎么做到拥有一万粉丝的？做一个博主是什么体验？有什么写作经验分享？这一刻，就是我在她眼中的高光时刻了。虽然说豆瓣一万个粉丝的成就不算是多牛的事情，但她的社交环境中，压根儿不存在这类人。所以对她来说，还是很有新鲜感的，她就会产生探索我的欲望和好奇心。这个就是我对吸引力的敏感察觉。很多小伙伴没有这个敏锐度，觉得自己很普通。其实，你真的不普通，只要你能够去发现自己的优势，再小的优势，也会有认可你的人。

第二，释放自己的可得性。"可得性"是什么？从字面意思去理解就是，得到你的可能性。怎么理解可得性和吸引力之间的关系呢？

举个例子，马云很有钱，你并不会太嫉妒，因为他只是一个存在于网络上的人，他的生活跟你的生活不存在交集。你也几乎不可能实现同他一样的人生成就。假如你的舍友因为加入了一家创业公司，并且做到了公司上市，作为公司元老，一下子就财富自由了，那么你就会很容易嫉妒，因为你们是同一个起点，他这个机会，你也有可能获得，但是你没有。同理，假如我跟前同事说完我的豆瓣有一万粉丝后，开始装清高，她就会觉得我这个人很难接近，不好说话。这就是可得性下降了，对她的吸引力也会下降，别说对我有新鲜感了，不讨厌我就不错了。可得性降低带来的结果就是，你传递给别人的信息是：我不可能和你在一起。那么你对别人的吸引力，就直线下降。所以现在你能理解为什么"矜持"会让你失去吸引力了吧。

对男生而言，你很美，很优秀，但你总是很高冷，这就给他一种被拒于千里之外的感觉。这个时候他遇到了另外一个女生，她相貌中等，邻家女孩模样，非常好相处，还时不时向男生表达好感。这个时候，她的吸引力大概率会高于你。因为人们都乐意被人喜欢。这也解释了，为什么相貌平平的女生，也有那么多男生喜欢。但需要注意的是，可得性并不是让你真的很随便就让别人得到你，而是"易相处，难得到"。通过易相处去传递你的可得性，再通过难得到传递你的价值感。

换位思考一下，当你遇到一个高冷的人，他对所有人都很冷漠，唯独每次见到你，就变成热情的小马达，不停围着你蹦跶。也就是说，除了他自己想要吸引的人，其他人得到他的可能性为零。他只对喜欢的人不矜持。那些能坚持拒绝大多数人，却能轻易地接纳你的人，才是最具有吸引力的对象。

为什么有人一开口就让人印象深刻？

之前去过长隆乐园，算是领教了为什么每天有那么多的人排上一两个小时的队也乐此不疲。因为游玩项目带给你的乐趣已经足够让你忘却排队的烦恼，而且因为人很多，所以到最后可能你还有很多项目没有时间去玩。这样一来，离开的时候你就更会流连忘返了。

　　说完这个例子，相信大家多少都会有些共鸣，我们在生活中都会遇到类似的场景，产生类似的感受，为什么会出现这种现象呢？以色列裔美国认知心理学家、诺贝尔经济学奖得主丹尼尔·卡尼曼对此类现象进行研究后表示，人的大脑在经历某次事件后，只能记住两个因素，第一个是事件中的高潮，第二个是事件的结束时刻。在心理学上我们把这种效应称作"峰终定律"。这个定律是说对一项事物的体验之后，所能记住的更多的只是在高潮与结束时的感受，而在过程中好与不好体验的比重、好与不好体验的时间长短，对记忆的影响不多。

　　电视剧中也是这么演，开头男主角可能是个混混儿，给人的印象十分不靠谱。然后通过一次英雄救美，男主角改变了女主角对他的看法，然后又经历了一些大事件，两个人最终收获完美的爱情。至于男主角开头的混混儿形象，相信电视机前的观众都忘得一干二净了。我们前面提到的长隆乐园内的游玩项目，也是利用了这个效应，让人深深刻在脑海里的都是愉快的记忆。

　　其实峰终定律也可以运用到恋爱中，我们可以正确地运用峰终定律来提高自己在对方心目中的地位，让对方一想起你便眼前一亮。无论是约会、聊天，还是一顿饭、一场电影都好，你要找准部位狠狠下手，把力道放在最该放的地方。这个"地方"，就是这次接触的情绪高潮点，以及结尾处十分钟。

　　如果你想给对方留下温柔的印象，就要用温和舒缓的方式推动情绪。如果你想让对方记住你的威严，就要在氛围最高潮时展现你的威严。以此类推。这样你就能把控别人对你的整体感觉。

假如你朋友失恋了，她很伤心，你要安慰她。其实你要做的就是，判断她的情绪，在她情绪最崩溃和逐渐稳定下来的时候进行安慰，用最温柔的态度将她哄好，让她感受到来自你的温暖，让她充满希望。其他过程中无须说太多，将来她回忆起这一段时，只会记得最崩溃和逐渐稳定下来这两个情绪节点，以及这两个节点你带给她的感觉。一场对话如此，一个事件亦然。

利用峰终定律，可以把控别人对于一个事件的感受，改变别人对这个事件的认知，并让对方一直带着这种记忆生活。这种威力不亚于修改他人的记忆。所以两个人约会回家之后，千万不能简单地给对方发一句"和你吃饭很开心，晚安"之类的话，因为这样的话不仅普通，而且没有新意，没有亮点。这个时候你可以根据对方约会时展现的情况，告诉对方，你内心对对方的崇拜、喜欢、欣赏。

与异性接触，如何快速建立熟悉感？

设想一下，此刻你和一个印象不错的异性坐在清吧的角落里，有舒缓的灯光、放松的音乐，环境恰到好处，非常适合用来建立亲密关系。但是你们是第一次见面，请问现在你打算如何跟对方快速熟悉起来？直接说结论，你需要自我暴露，才能拉近关系。

有人曾做过一个心理实验，找来十对陌生男女，分为两组，让他们坐下来单独谈话四十五分钟。要求 A 组的讨论内容是向对方透露自己的个人信息；而B组的讨论内容是一些不带个人色彩的内容，如天气、球赛等。四十五分钟后，对于这次谈话的好感，A组的人反馈明显比B组的人舒适度更高。

"自我暴露"是什么？

自我暴露是指你主动向对方透露你的个人信息，比如你过往的经历、心中的秘密等。这是建立亲密关系的重要指标之一。主动的透露，能够让对方在心中快速、有效地对你这个人产生印象。自我暴露在交流的过程中，还可以起到相互作用。就是当你向对方透露越多自己的信息时，同时也会让对方向你透露越多的信息。这是一个良性的循环，你说得越多，就会鼓励对方说得更多。

我跟朋友聊天的时候就是如此，每当我抛出一个关于我自己的事情，比如"最近加班太厉害，下班后就把领导微信屏蔽了"，当朋友接收到了我这个信息后，一般的表现就是："说到加班，最近我也是……"然后说起了他的事情、经历。你抛出一个信息推向对方，对方接收到了之后，反过来也给你抛出一个信息。自我暴露在交流中的作用就像弹簧一样，你压得越用力，反弹力越强。为什么两个人聊八卦，越聊越劲爆，你懂了吧。

如何自我暴露呢？

你可以提前为自己准备一些内容和话题，如：

> 让自己最尴尬的一件糗事；
> 觉得遗憾的一件事；

最近一次哭是什么时候；

最有成就感的事情是什么……

类似这种话题，你可以提前去准备好五个到十个。不要觉得没内容可聊，你不是没有内容可聊，而是不愿意去深挖自己。接下来再谈谈，在亲密关系的不同阶段中，自我暴露的用处有什么不同。

初识阶段（1~3个月）。这个时候，还是相互作用，像弹簧一样。用自己的信息去鼓励对方也去进行自我暴露。刚刚认识的两个人，最适合通过信息交换去熟悉彼此。

熟悉阶段（6个月以上）。到了这时候，重心要从"我"转移到"对方"。这个阶段中的自我暴露更大作用是得到对方的反馈。

谈过恋爱的朋友一定懂，伴侣向你吐露心声时，渴望得到的无非是深层次的理解、无条件的关爱、后盾般的支持、伴侣间的尊重。通过这些去升级关系，加深亲密度。

每个阶段处理方式不一样的原因是：期望。

刚认识的两个人，觉得对方就是个路人，应该不会跟自己说太多。彼此期望值都很低，这个时候，对方一丁点儿的自我暴露，给你的反馈已经远远高于你的期望值。你觉得他就是个路人，竟然愿意跟你聊那么多。

认识一定时间的人，特别是情侣，你觉得他已经是你的伴侣了，他就应该懂你，能够接得住你的梗，所以期望值是很高的。这时我们需要做的就是，用理解、关爱、支持、尊重去满足对方的期望值。

看到这里，我们再回到开头的提问中，相信大家已经在心

里有自己的想法了。但是仅仅有想法是不够的,你得去实践,要知行合一。去准备你的故事:

"让自己最尴尬的一件糗事;觉得遗憾的一件事;最近一次哭是什么时候;最有成就感的事情是什么……"然后找人聊天去。

交流期

身份信息互换

频繁聊天能让对方喜欢你吗？

我发现很多小伙伴，会对微信聊天有一种谜之追求。无论是暧昧阶段，还是恋爱阶段，始终都要保持着聊天。网络上自媒体的言论也是相同的腔调，比如："女生会爱上那个一直陪她聊天的人"。

然后大家不约而同得出了以下结论：

升级关系？聊天啊！

加深感情？聊天啊！

引导表白？聊天啊！

从加了微信开始，就一直聊天。事无巨细，今天吃了啥、做了啥，下班了也要报备，洗澡时也手机不离手。即使两个人没话聊了，也要一直硬聊，因为不能破坏持续聊天的节奏，不然你就不喜欢"我"了。然后，就会开始发展出一些奇奇怪怪的问题。

比如："他现在越来越少跟我聊天了，是不是没那么喜欢我了？""他跟我聊了那么久了，是不是喜欢我呀？可是为什么还不表白啊。"

似乎在大家眼里，一直聊天，既可以让对方变得喜欢自己，又可以提升两个人的感情浓度。可事实真的是这样吗？你会发现，聊着聊着，对方就慢慢越来越冷淡了，而且对方也并没有越来越喜欢你。

为什么呢？

因为，聊天的关键不在于时间的长短，而在于体验的好坏。聊天的确可以让对方喜欢你，也的确可以增进感情，但是你要分清楚，并不是聊得越久就越好，反而聊多了，更加容易出事。我发现很多情侣最喜欢的就是汇报式聊天，汇报自己一天都干什么了，生怕对方错过自己一点一滴的生活。为什么大家都喜欢这种聊天方式呢？不是因为它有效，而是因为它很简单啊，既不用动脑子，又能避免没话说的尴尬场面。

经历过这种聊天的小伙伴都懂，如果都是聊家常、应付式沟通、汇报式聊天，那么只会消耗彼此的精力。这也是为什么很多人聊着聊着，就不见了。

那么怎样才是带来好体验的聊天呢？就是跟你聊天，我能感觉到愉悦。

你要给对方一种"跟你聊天是一种奖赏"的感觉。比如说，一个女生很会撩拨情绪，每次和她聊天都很刺激。那么跟她聊天，就是一种奖赏。她奖励了刺激的体验给我。一旦产生了这种感觉，后续就会忍不住一直找她聊天。

而汇报式聊天恰恰相反，是一种"跟你聊天是一种惩罚"的感觉。我有个读者，加了男生微信之后，就开始不断汇报自己的行踪。一开始，男生还是挺配合地应付她。这也给女生造成了一种错觉，误以为男生也享受这个过程，于是开始变本加厉，更加事无巨细地分享。后来慢慢地，男生回复越来越少了，女生开始闹情绪，质问男生。最后男生只说了一句："不知道为什么，跟你聊天就是感觉挺累的。"在这个案例中，女生已经把男生的精力消耗没了，而男生也对女生产生了不好的印象。

那怎么办呢？我给大家分享几个避坑建议。

1. 改变错误的认知，别一直聊家常废话，那些毫无意义、毫无奖赏价值。克制住你那颗忍不住分享的心。对于你的生活，他了解就够了，不需要做到透明的地步。透明了，好奇心和新鲜感也没了。

2. 撩拨情绪是关键，而且要多样化，不要局限于文字。微信上有很多可以利用的东西。一个可爱的表情包，一条好听的语音消息，一张好看的自拍，一条搞笑的视频，都比冷冰冰的文字要有活力得多。除非你有很强的文字掌控功底，否则你很难通过文字去准确传达情绪的。

3. 一次线下见面，胜过十次微信聊天。能见面就别一直网上聊天。网络是虚拟的，永远比不上现实中一个活生生的人所带来的体验要真实。你在微信上讲一百个笑话，都不如面对面一次牵手所带来的体验那么震撼。你的眼神、肢体语言、说话腔调，你们通过肢体接触进行的情绪传递，这些现实中的优势，都是网络上永远无法比拟的。

如何聊天能让别人觉得你很有趣？

最近有个小伙伴问我，多读点儿书能不能让自己变得有趣一点儿。我不清楚他所说的"有趣"具体定义是什么，我也不知道如何能够变得有趣一些，但是我大概知道说什么话可以让你看起来有趣一些。

主要有三点：主观感受、洞察、反差。

我逐一深入解释一下。

第一，主观感受，就是"我"自己的感受、自己的体会、自己的看法。多去表达与"我"有关的事情。我发现很多人其实羞于去表达自己的真实想法，尤其在公众场合，特别是涉及一些个人感受的问题时，总会表现出很有羞耻感的状态。但其实，最能激发共鸣的内容，一定是你发自内心有感而发的。比如我写文章的时候，一开始会犯一个错误，就是喜欢用很大的篇幅去讲道理。后来我发现，讲再多的道理，都不如从自己的视角出发，去讲述一段亲身经历得来的感悟来得有效。同样的道理，从个人角度去表达的话，也更能打动人。所以当你需要讲一些观点时，不妨从自身角度出发，分享关于你自己的感受、体会和想法。我觉得每个人的体验和感悟，都是宝藏。

第二，洞察，就是你对事情理解的深度。洞察的好处在于，你所表达出来的内容，一定是一个能够引发思考的全新视角。举个例子，比如聚会的时候，大家在聊冠姓权的话题，主要争论点是孩子到底应该跟谁姓的问题。

如果这时你能另辟蹊径，说出一个令人耳目一新的点：其实古时候最早的一批姓都带着"女"这个字，比如姬、嬴、姒、姚等。并且你能借此引申出一个观点：为什么会这样呢？其实姓这个东西，最早是从母系社会发展出来，一开始大家都是跟母亲姓，后来因为生产力的提升，逐渐转变到了父系社会。进而你又分析到父系社会和母系社会的区别，并且能够深入浅出地表达出来。最后你还得出了总结，现在大家对冠姓权的重视，说明了现在社会中，女性的生产力有了明显的提升。

大家一听，有理有据，而且符合客观实际。那你觉得，这场聚会里面，大家对谁的印象最为深刻呢？

不要觉得这是一个很深奥的知识点，稍微对"冠姓权"这个问题有过了解的话，你都会顺藤摸瓜挖掘到母系社会里去的。虽然这个解释并不一定是对的，但总比一群人在争论孩子到底跟谁姓有意思一点儿吧。这个就是洞察的好处，你总能透过问题的表面挖掘到本质。

第三，反差。反差的意思就是，你说的话虽然是意料之外，但细细一品又在情理之中。这种强烈的反差感会最大程度地激发大脑的思考。举个例子，以前总有人喜欢问我一个经典的问题，就是男女之间到底有没有纯友谊。后来我想到了一个很绝妙的回答。

男女之间有没有纯友谊呢？当然有了，结婚多年的夫妻不就是了吗？这句话就体现出了反差的魅力，刚听到时，的确违反常识，觉得很奇怪，夫妻还能叫纯友谊？但细细分析后发现，结婚多年的夫妻不就是平平淡淡、相处得跟朋友一样了吗？这的确符合了男女之间"纯友谊"这个标准。看似搞笑，实则自嘲，简直令人拍案叫绝！

就跟"喜剧的内核往往是悲剧"是同一个道理，用强烈的反差引出一个普适的观点，就会让人觉得很好玩的同时，产生一些思考。如果有朋友喜欢看周星驰的电影，你会发现他的电影中很多小细节都属于反差。

以上三点，如果你能在聊天当中熟练运用的话，就差不多能"看起来有趣一点儿"了。

聊天高手的思维方式是怎样的？

聊天，交流，一直以来都是人类的刚性需求，也就是说，一个会聊天的人，就等于掌握了社交密码。会聊天的人和普通人的区别就在于，他们掌握着一些特殊的思维方式。

这些思维方式在他们聊天的时候，起到了军师的作用，时刻提醒着他们，什么话该说，什么话不该说。而普通人只能拍脑袋，想到什么就说什么。一旦出现卡壳的情况，就会出现没话聊的尴尬，丝毫没有章法可言。

下面就来分享一些聊天高手的思维方式给大家。

1. 满足唯一性。什么是唯一性？就是对我而言，你是独特的，你是不可替代的。当你和别人聊天时，能够满足对方的唯一性需求时，对方就会产生一种"我是天选之人"的感觉。被认可、被需要是人类与生俱来的需求，而唯一性就是同时满足了这两种需求。

举个例子，运用到夸奖的场景里面。你的对象做了一顿饭，你会如何夸奖对方呢？夸他做得好吃？夸他厉害？夸他持家有道？都不够强烈。

满足唯一性的回复方式是："你做的饭真好吃！在我见过所有你这个年龄层的男孩子里面，只有你是会做饭并且还做得这么好吃的。"

这个就是满足唯一性。这个时候对方接收到的信息是："我在你眼里，是最棒的。"这是不是比单纯地说"你是最棒的"有效多了？

2. 封闭式邀约。为什么你总是会担心邀约别人被拒绝呢？因为你给了对方拒绝你的机会。真正的高手是不会给对方拒绝的机会的。

比如你想约对方去吃饭，直接问，周六有空一起出来吃顿饭吗？这种提问方式，对方可以直接回答你，没空。这个就是给了对方拒绝你的机会了。

而封闭式邀约就是，这家餐厅特别火爆，最近这段时间里，只有周六和周日才能预约了，你哪天方便呢？这个时候，对方就只能选择，周六或者周日。不要给对方任何机会去想到"拒绝"这一个选项。

有的小伙伴可能会觉得，就算这么问，对方也可能拒绝呀。没错，封闭式邀约的使用场景是对方犹豫不决的时候使用，而不是对方无论如何都会拒绝你的时候去使用。如果对方铁了心拒绝你，你用任何方法都没用了。

3. 开放式聊天。聊天过程中，大家最害怕的事情应该就是没话题聊了吧。这个问题，在我这里几乎不会出现。只要我的精力跟得上，我能跟对方聊上一整天。为什么我能够做到这样呢？因为我懂得如何去开放式聊天。

大部分小伙伴最常用的就是封闭式聊天。什么是封闭式聊天？例如，吃饭了吗？吃了。洗澡了吗？洗了。在干吗呢？准备洗澡。这些就是封闭式聊天，就是对方的回答是没有想象空间的。比如，你问对方"吃饭了吗"，对方就只能回答"吃了"，或者"还没吃"，没办法去展开话题，那也就没办法去挖掘更多的信息点了。

而开放式聊天就是，对方如果想要回答你的问题，是需要经过思考的。比如，你问对方"《泰坦尼克号》这部电影好看吗"，那么对方只能回答你"好看"，或者"不好看"，或者"一般般"。那么你就没法接了。正确的问法是："《泰坦尼克号》这部电影里面，让你印象最深刻的一幕是什么？"对于这个问题，对方就需要思考了。

如果对方说："我喜欢杰克和露丝在船头的那一幕。"那么你可以往"浪漫"的方向去聊。如果对方说："我喜欢杰克和露丝在甲板吐口水的一幕。"那么你可以往"突破世俗""向往自由"的方向去聊。然后不断用开放式提问挖掘，这样持续不断地聊下去，根本不会没话题，而且非常有趣。

4. **无论说什么，先肯定对方**。这个聊天思维的好处就在于，减少在聊天时发生冲突，甚至连拒绝人的时候，对方都是心甘情愿。无论对方说了什么话、提了什么要求，只要对方没有触碰你的底线，你都可以先用肯定的方式去做出应答，随后才说出自己的意愿。

比如一个男孩子跟你表白时，你不想发展太快，就直愣愣地说："我还没做好准备要谈恋爱。"对方就会容易解读成"你不想跟我谈恋爱"，然后就放弃了。

如果这个时候你的脑袋里有肯定先行的思维，就不会这么说，而是说："小哥哥，我差点儿就忍不住要答应你了，但是我觉得现在我还没有准备好要谈恋爱。"这个时候对方就会觉得，她都差点儿就答应我，都怪我太急了，慢慢追，不能吓到人家。

5. **不做预设**。爱乱猜想，这是最多人"踩雷"的一个坑。比如你想约男朋友晚上看电影，但是对方说了一句"今晚没空，要加班"，你就开始琢磨了，为什么突然说要加班？为什么语气这么冷？好像最近都是晚上在加班？最近他对我冷了好多，却总是在家里抱着手机笑。

然后你就冷不丁地回复了一句："你是不是外面有人了？"

男朋友："？？？"

这个就是对"今晚没空，要加班"做了预设。可能真的只是因为对方加班太忙太累了，来不及解释那么多，就直接说了。说者无意，听者有心，这句话到了你的耳朵里，就被解读出了其他含义。对方在很忙的状态下再收到一句"你是不是外面有人了？"肯定会很崩溃的。

最好的处理方式就是，不要对对方说的话做任何预设，只承认对方的字面意思。说想静静，那就是要安静一下，就别去想"谁是静静"了。

聊天总是遇冷，调整标点符号试试

曾经发生了一件很搞笑的事情。有个读者发微信问我："为什么相亲对象和我聊一段时间，还没见面就说不合适？"

我也挺好奇，就问她："他有没有说什么呢？"

"他说我们性格不合！他喜欢温柔一点儿的！"

我继续问："那你觉得自己符合他的要求吗？"

她说："肯定符合，我朋友都说我是温柔可爱风！"

通过以上对话，你们知道男生为什么说性格不合吗？我们带着这个问题往下看。

随着微信越来越普及，交流方式开始从打电话逐渐向微信文字聊天靠近了。除非是紧急的事情，才需要打电话。比如外卖到了，外卖小哥得打个电话给你，叫你去拿。而文字也在原来传递消息这一功能的基础上，增加了传递情绪的作用。

让我印象最深刻的就是"通哈膨胀"了。"哈哈"已经不是表达笑的意思了，得用"哈哈哈哈"才显得你够诚意，而"哈哈"则会让对方觉得你是在敷衍，或者想结束话题了。很多人在聊天的时候，会不经意间乱用一些标点符号，让对方感受到了一些额外的情绪。我列举几个大多数小伙伴会"踩雷"的情况。

"？"这个标点，我建议大家在微信聊天过程中，能不用，尽量不用。因为在某些沟通场景下，别人在看到这个符号的时候，会感受到压力和不舒服。有一次跟小伙伴做咨询的时候，我讲了一个关于心锚、潜意识的技巧。然后对方就回复了我一个"？"，当时我心里就立刻感觉到不舒服，我的第一反应是，她是不是在质疑我。后来我转念一想，也许是她某个环节没理解清楚。

于是，我回复了一句："哪里还不理解呢？"

然后她回复了一句："什么是心锚？"

到此，我就知道了，她这个"？"是在表达不懂、不理解。

大家可以看到，就这么一个使用习惯，就会让别人产生很多的误会。虽然后来误会解除了，但是这种负面情绪的影响是不会消退的。而经常使用问号的话，不仅会造成一些误会，还会让你的思维习惯性处于一种反问的角度。举个例子，你刚下飞机，想让你男朋友来接你，于是你发微信叫他开车来接你。他说要加班，没空。然后你觉得有点儿不开心，想表达自己很生气，就回了一句："你让我自己打车？"

相信我，无论是你爸妈，还是你男朋友，都不会想看到这句话。因为这是一句反问，这句话充满了质疑、愤怒的情绪。

如果你想让对方知道你因为这件事而生气的话，你可以直接说："你不来接我，我很生气，我觉得不被照顾了。"

但是用"你让我自己打车？"这句话，对方的潜意识里面就会感受到一层压力，这层压力的来源是你在质疑对方的决定。

这种感觉就像是对方碰了你一下，你不爽，然后瞪对方一眼，对方反问你：你瞅啥？所以，单独一个问号和反问句，大家能不用还是别用吧。微信聊天也不是正规写作文，你少写一个标点不会扣分的。

再来说下另外一个标点，感叹号。

如果说问号是一种质疑的情绪，那么感叹号则是一种攻击性了。感叹号背后传达的是一种激动、惊讶的情绪。不信大家来感受一下，假如你约了朋友看电影，但是你因为堵车，迟到了，你的朋友来问你，你希望看到以下哪个问法呢？

1. 你到没！！！
2. 你到没～

相信大部分人看到第一个回答，都会觉得很有压迫感。因为连续三个感叹号，给人的感觉就是你非常焦虑、急躁。而第二个表达方式则会让人更容易接受一些。

<mark>一旦你在聊天过程中，过多使用感叹号，就是在告诉对方，你是一个容易激动、情绪不稳定的人。</mark>我接待过一位读者，她真的是每句话都带有感叹号。

整个咨询下来，我可以感受到她接近"愤怒"的情绪，很难想象，她对象是如何坚持和她聊这么久的。如果你细心一点儿的话，会发现电商搞促销的时候，他们的文案上，一定少不了感叹号。

"年末大甩卖！！！"

"大酬宾！！！！"

"OMG！！ 买它！！"

目的就是传递激动、兴奋的情绪给你，让你变得不那么理智，然后冲动消费。这就是情绪感染力。如果你在微信聊天中，总是习惯性去用问号、反问句或者感叹号，久而久之，你在别人的印象里，就是一个情绪化的人。如果可以的话，微信聊天中，我建议你用语气词替换掉感叹号和问号。

把"你在哪儿?"换成"你在哪儿呢"。

把"你到没!!"换成"你到没呀"。

不要小看这一两个标点符号的作用，它们本身的作用就是用来辅助表达情绪的。如果你为了显得"个性"一点儿，而滥用标点符号，就很容易造成一些不必要的误会。

好了，这个时候，回过头来，看看开头那段对话中，我的读者给你的第一印象是什么性格呢？

准到吓人的读心术是如何练成的？

下面来跟大家聊聊，所谓的读心术。其实，读心术并不是真的能够猜到你心里想的是什么。放弃幻想，这是不可能的。

除了你自己，这个世界上没人会知道你内心想的是什么。读心术真正起作用的是，它可以通过一些手段，让你产生自己被读心的感觉。只要这种感觉有了，至于对方是不是真的读心成功，已经不重要了。

而把读心术运用到极致的人，不是渣男、"绿茶"，也不是咨询师，而是算命先生。有过算命经历的小伙伴，会发现大部分的算命先生说的话，还是挺准确的，能够说到心里去。那么他们是怎么做到的呢？其实非常简单，就是永远只说正确的事情。我举个例子，我个人的亲身经历。

大概高中的时候，我在回家的路上，路过一条算命街，整条街都是算命的人，然后有个大叔叫住了我，说要免费给我算一下。我想着反正不用钱，就试试看。他抓住我的手看了半天，然后又摸我耳朵，捏我的脸，最后意味深长地说了一句："小伙子，你这一生一波三折。"当时我没有放在心上，当他发神经，我就走了。可是在随后的一个月里，我遇到了一些烦心事，考试成绩不理想，丢了早餐钱。这个时候，我回想起那个算命先生，然后惊叹，算得真准。

当时年少无知，以为他真的是高人。直到后来，学习了心理学方面的知识后才发现，一切都有迹可循。回过头来看看，其实所谓的"人生一波三折"，就是一句绝对正确的话。因为这个世界上，没有人会一帆风顺，必然会遇到一些阻碍的事情。而算命先生提前跟我说了我一定会发生的事情，我就会觉得他很厉害了。就好像有人提前跟你说了六合彩的数字，然后开奖的时候发现全部都对得上，你就肯定觉得对方是一个来拯救你的财神爷了。

我曾经给一位读者设计一个在酒吧约会时的读心术桥段。

当时她的约会对象是一名程序员，不善言辞。我就教她说了一句话，用来打破距离感，这句话就是："你是个情感细腻的人，但是不善于去表达情绪，以至于有时候会被人误解，或者给人一种冷淡的印象，对不对？"

这句话对大部分的男人来说，几乎都是适用的。然后对方就会觉得你很懂他。这就是永远只说正确的话。类似的方法可以运用到其他场景中，比如你看到一个人吃饭吃了半天都没吃几口进去，你可以说："我掐指一算，你最近被一些烦心事纠缠了。"

这个其实在心理学上是一种叫作"巴纳姆效应"的现象在起作用，简单点儿说就是：人很容易相信一个笼统的一般性的人格描述，认为它特别适合自己并准确地揭示了自己的人格特点，即使内容空洞。

这个效应在星座里面诠释得最为明显，一旦你被贴了某个星座的标签之后，总会不自主地把自己往对应的那个星座上面去靠拢。"说正确的话"这个办法，属于被动应对，以不变应万变。还有一个主动出击的办法，就是观察对方的行为。每个人的行为里，都映射着自己的内心世界。因为一个人的心理状态会投射在他们喜欢的事情上面。我们通过观察他喜欢的事物以及人物，可以推测出对方的习惯特点和性格喜好，这个在读心术里面属于比较基础的运用。

举个最普遍的案例，微信头像。微信头像是一个对外展示窗口，代表着一个人从内心对外界的呐喊。我们可以从里面发现很多有意义的信息。头像用真人自拍的人，对自己的接纳度比较高，对外貌比较有自信，不一定都是长得好看的，但是几乎都是能够接纳自己的本来面貌，不太在意外界的评价，是一个愿意分享自己的人,内心不会藏太多的秘密,现实和网络都差不多的人。

头像用身体部分特写的人,比如眼睛、肩膀、锁骨、侧脸等等,属于自我感很强,非常渴望被人认出来,但是又不想太刻意,在用一些看似艺术的行为来掩饰自己内心真正的渴望。

头像用搞怪图片的人,比如某些恶搞表情包等等,这种属于心态很年轻,希望引起他人的注意,为人比较乐观,也相对好讲话的一类,基本都是朋友圈当中的开心果,平时多帮助他刷存在感,就可以很好地和这类人相处了。

类似的识别方法还有很多,就不说了。另外我要特别强调,我分享读心术的本意是让大家学会更多让感情和谐的技巧,而不是让你胡作非为,滥用在单纯的人身上,如果不爱,也别伤害。

第一次约会需要注意点儿什么?

我发现很多小伙伴对于第一次约会的注重程度不太高。很多人明明在网上聊得很好,但是一见面就无话可说,直接"见光死"。有时候并不是因为你本人不够好,而是因为第一次约会你给人家的体验不够好。这个世界上,很多事情都可以补救,但是第一印象不行,它特别特别难补救。两个人面对面接触,七秒内就会互相做出主观的判断,这些主观的判断包含了"他(她)是否适合做我的朋友?""我对他(她)是否有好感?""他(她)的人品如何?"等。

所以第一次约会显得尤为重要，它直接决定了对方对你的第一印象。第一次约会，最需要注意的一个点是约会场景的选择，因为约会场景是占据你们大部分约会时间的相处环境。第一次约会的体验，除了你个人的谈吐和外观，剩下的就取决于环境了。比如说约会最常见的三个场景：吃饭、看电影、喝咖啡。

恕我直言，这三个场景，都不适合第一次约会。因为第一次约会的时候，你们其实并没有太多的共同语言。那么无论是吃饭，还是喝咖啡，你们都需要应付长时间的面对面接触。

很明显，你们的共同话题量不足以支撑那么长时间的面对面接触，到了约会的后期，往往就会出现无话可说的尴尬地步。 而这种尴尬的氛围，会让你们两个人的潜意识都觉得对方是个无聊的人，或者产生"我们不太搭"之类的想法。

而电影院其实也并不可取，虽然电影院的幽暗环境会让你们很有安全感，但是在看电影的过程中，你们是没办法交流的，这就会导致整场约会你们的交流很少，整个体验给人的感觉就是跟个陌生人约了场电影罢了。

那么首次约会应该选择什么场景呢？

我的建议是一定要选择有事情做的约会场地，比如溜冰、打保龄球等。 因为有事情做的时候，你们两个人之间一旦没话说了，就专心做自己的事情也不会尴尬。不像约会吃饭的时候，如果没话说了，两个人就默默地在吃饭，这个场面就尴尬到不行。

另外，最好可以选择一些带有运动量的活动，因为人在经过运动之后，肢体会放松很多，你可以去观察一下，公司聚会吃饭的合照，往往大家摆的动作是规规矩矩的；而爬山之类的聚会，大家摆的动作会放开许多，甚至还会勾肩搭背。如果你的约会对象比较活泼爱玩，那么你可以约去游乐园玩。

第一，游乐园里面人很多，你们两个人即使没什么说的，也可以看看来来往往的人，聊聊玩的项目，避免出现气氛尴尬的情况。

第二，游乐园有很多刺激的项目，你们可以一起玩，比如过山车，玩的时候肯定会心跳加速，这个时候对方会误以为这种心跳加速是因为跟你在一起而产生的感觉。这就是吊桥效应。

第三，玩刺激项目的时候，难免会有肢体接触。比如溜冰，有时候需要手拉手。这种肢体接触出现得合情合理、自然而然，可以快速破冰，拉近彼此的距离。

如果你的约会对象是一个很有爱心的人，那你带她去看动物准没错了。去动物园看看小兔子，看看长颈鹿，看看大象，看看老虎。从小动物到大动物，从温驯的动物到猛兽，让对方的心情跌宕起伏。记得带好防晒和驱蚊的物品。如果对方实在怕晒，那就去动物主题咖啡馆。那些小猫小狗的主题咖啡馆也是一个不错的选择。

如果你的约会对象是一个文艺青年，那么你可以约去陶艺馆。陶艺馆的好处在于，有一样东西是你们两个人共同完成的，倾注了你们的心血在里面。等做好了，你送给对方，以后人家看到这个作品，就会想起你。在做陶艺的过程中，你们两个人能够有一个安静相处的环境，方便交流；就算不交流，彼此有话说，也不会很尴尬。

深入期

分享生活细节

你是否因为怕尴尬，就拼命找话题？

相信大家肯定经历过一个场景，就是每次跟喜欢的人在一起聊天的时候，特别容易找不到话题，很容易就处于一种尴尬的场景。和喜欢的人出去约会的时候，总会时不时很尴尬地坐着，找不到话题；相亲的时候，发现对方是自己的理想型，就容易坐立不安，拼命想找话题，却发现越聊越尴尬。

其实，这一切跟你的技巧无关。也就是说，这并不是一个技术性问题，而是一个心态性问题。关键在于你的状态是紧张还是放松。你是否发现，每次当你找不到话题聊，很尴尬的时候，就会坐立不安，只想立刻跑起来，逃离这里？这是因为我们在紧张状态时，大脑会以为你遇到危险了，于是将本该给大脑供的血，转移到四肢上，好让你赶紧远离危险。

而当我们放松的时候，一切又不一样了。血液重新供回给大脑，你会感觉到你的脑子前所未有的清晰，对方的情绪是怎么样的，对方的状态如何，对方喜欢聊什么话题，你都能够准确地感知到。所以处于紧张状态下的你，肯定不如放松状态下的你更有魅力。

那么为什么，我们跟喜欢的人聊天就容易紧张呢？因为内心害怕对方知道你喜欢他这件事。我接过的很多咨询里，发现小伙伴们在面对自己喜欢的人时，习惯性隐藏自己的好感。内心是喜欢对方的，然而外在表现，又非要克制自己不能过多表现出好感。因为害怕，所以非常小心翼翼地试探。既想要靠近对方，又要表现出不怎么在乎的样子。这种强烈的内外不一致状态，给到对方的感觉是很别扭的。

这也是我们很容易处于尴尬状态的原因。那么为什么我们会如此害怕对方知道你喜欢他这件事呢？因为你不知道他喜欢不喜欢你。男女之间有一层有意思的博弈，就是一旦发现对方不喜欢自己，只是自己一厢情愿的话，就容易感觉到吃亏了。有个找我咨询的女孩就是这样，每次和喜欢的人聊天时，总会习惯性表现出一副不在乎的样子，可是明明内心就喜欢得很。我就问她为什么要这样子，她的回答是："我都不知道他对我有没有意思，如果我先让他知道我喜欢他了，多丢脸。"

相比吃亏，怕丢脸这个原因，我觉得更多的是害怕面对被喜欢的人拒绝的一种挫败感。当然还有一个可能性就是，觉得自己太快表现出喜欢对方的迹象，会让别人觉得自己轻浮、掉价。如果有这种心态的话，会让你持续将精力放在自己身上，关注自己是否说错话，关注自己的表现有没有差错。人的精力是有限的，你将精力放到了自己身上，也就没有精力放到别人身上，你不去关注对方的情绪和语气变化，那你怎么可能去挖掘更多有得聊的话题呢？

面对这个情况，我们怎么办呢？

分享一个办法给大家，就是不要羞于表达自己的真实想法。前文也说了，正是因为我们内外不一，导致我们会十分容易尴尬。所以说，只要我们达到内外一致的状态，我们就能做到心理自洽了。怎么做呢？具体的办法就是，说出当下的情绪和心情，无论好与坏。

比如你是喜欢对方的，你可以直接表达好感。直接告诉对方，我很欣赏你这个类型的男生，你是我的理想型，我觉得你很合我口味，等等。注意的是，只单纯地表达好感，就够了。接下来不用做任何动作，让对方来给你反馈就行。你这种表达了好感，又不进一步提要求或者行动的行为，就会让对方产生强烈的好奇心和征服欲望了。

再换一个场景：

比如你觉得两个人的氛围突然变得尴尬，没话说了。正常人的处理方式一般是，立马想一些奇怪的话题来缓解气氛，又或者沉默不说话，让尴尬气氛发酵。无论是哪一种方式，都不能让氛围走向舒服放松的状态。

我之前也有过这种经历，刚认识女朋友的时候，和她约会，因为彼此不是十分了解，有时候聊着聊着就突然安静下来了。你们可以想象到，这个场景是十分尴尬的。这个时候，我就直接说："我们现在好像有点儿小尴尬呀，你觉得呢？"就用一种老朋友之间的语气，很自然地讲了出来。神奇的是，当我自己讲完这段话后，我就觉得不那么尴尬了。其实这是因为，如果有人复述了你的情绪，你会发现你的情绪已经被缓解了70%。

在日常生活中，大家都会在有意无意中运用到这个技巧。上班的时候，你向同事吐槽，今晚又要加班开会，真苦。这个时候如果同事附和你说："是啊，太苦了，本来还想下班去看电影呢。"这个时候你就会感觉舒服了好多，因为你听到对方复述了你的情绪。同时，你们两个人也建立下了"深刻"的友谊。你会发现，就算我们去复述自己的感受，也可以达到缓解情绪的效果。

其实和人聊天，特别是和喜欢的人聊天这件事情上，心态大于技巧。想要保持一个好心态，重要的是去保持真实的自己。内外始终一致，你就是真实的自己；内外不一致，你就是虚假的自己。不要害怕，大方一些，你看到什么、听到什么、感受到什么，都可以说出来。越忠于内心，你越真实。

为什么聊天总是没话题？

你有没有发现，和喜欢的人聊天时，总不知道要聊什么。贯穿整个聊天过程的更多是"嗯嗯""哦哦""在干吗""吃了吗"。你明知道"在干吗"是聊天大忌，但是你因为无话可说，最终还是说出了这三个字。

很多人觉得，尬聊是因为没话题，而没话题是源于没有聊天素材，然后去网上收集很多聊天素材。比如一些笑话、土味情话段子，甚至去学习所谓的"情侣之间必问的100个问题"，强行找话题。但是在实际运用的时候，发现这些都没有用。

很多读者都夸我会聊天，其实我不懂聊天，但是我总能跟别人有无尽的话题聊下去。我也没有专门去学习过什么聊天技巧、共情技巧。我并不是通过后天的学习，才变得会聊天。所以没话题根本不是聊天素材的问题，我什么聊天素材都没有准备，一样可以跟别人聊得很尽兴。

接下来可能会刷新你的认知：其实没话题是因为你的生活过于单调，导致你缺少新的经历。

没有新的经历，就代表着你的大脑没有新的信息输入，也就意味着，你没办法对外输出信息，你只能重复输出你说过的内容，自然就没话题了。想象一下，假如你每天都是家里和公司两点一线，你除了跟别人说你吃了什么、做了什么，还有什么可以聊的？而这种信息匮乏是无法通过刷抖音或者是看知乎来弥补的。

无论是抖音还是知乎，它们所提供的内容，本质上来说，算不上是信息，顶多是不需要你思考的精神消费品，是供你娱乐的。不信你回忆一下，现在能否说出三条你在抖音、知乎上学习到的知识。

而个人经历不一样，它是可以产生信息增量的。比如你去爬山，在爬山的过程中，你发现登山杖并不鸡肋，不但可以省力，还可以减少膝盖25%的压力，起到保护作用。

爬山的过程中，你一开始奔着登顶去，然后就拼命爬，想要争第一，这让你非常累。后来你坐在半山腰休息的时候，看到风景很美，顿悟了，发现过程才是最有趣的。沿途的风景，遇到的阻碍，如果没有这些，登顶显得毫无意义。从而你得到了一个感悟，就是很多时候要注重过程，享受过程，才会开心。

当别人和你聊天的时候，问你："爬山好玩吗？"如果你有以上的经历，还会担心没话聊吗？你应该担心的是，如何控制自己别太多废话了。那么为什么经历对聊天起到这么大的作用呢？

我们来思考一下，聊天的本质是什么？聊天的本质是交流，交流的目的是交换"事情"，"事情"包括事和情，事就是有用信息，情就是情绪感受。

前面的登山杖就是有用信息，个人感悟就是情绪感受。简单点儿说，这两个要素组合起来，让你在聊天过程中，有了交换"事情"的资本了。

最典型的就是聊八卦，常用句式都是："你知道吗？×××又出轨了，好恶心！""嗨，你这个瓜算什么，我有个更劲爆的……"你会发现，整个过程都是在交换秘密和分享情绪。

反观一些不会聊天、没有话题的人，都是因为没有了交换的资本。

比如最常见的是汇报式聊天，每天都是说吃什么、做什么，在重复同样的信息，所以这种交流模式，对方一定会腻。

平时很多小伙伴喜欢在微信上找我闲聊，和我聊一些他们的认知和观点。他们为什么喜欢这么干呢？我举个例子你就懂了。

有个女生想忘记渣男，然后问我怎么做。别人都是安慰她换人，不要想太多，去玩分散下注意力。而我则是教她，要多想他，多想想渣男的恶心行为，想多了，你就会觉得恶心。人都是趋利避害的，最后你自然而然就不会想他了。

我分享的东西，我教的东西，都是超越她的认知的。和我交流的过程中，她会有新的信息和感悟。会让她产生"原来还可以这样"的感觉，而这个感觉，就是我的交流资本。

说了这么多，那么具体该怎么做？答案是：说点儿有用的，让对方有收获感。

如何达到这种效果呢？分享三点建议给大家。

1. 你要多一些经历。前面对于经历的重要性，已经说得很清楚了。其实所谓的经历，不一定要花费很多的钱和时间，只要你今天和昨天有一点不一样，就够了。比如，自己尝试做一道新菜，早起一个小时，下班乘坐公交车时提前一站下然后走路回家，搭讪一个陌生人，等等。

2. **多分享一些不同角度的观点**。尽量不要去分享大家都知道的东西，这样毫无意义。

比如一个社会热议事件，大家都是在骂当事人，那么你可以换个角度去说。

对立面：为什么大家都在骂？这件事情触发了大家的什么情绪？

代入面：如果我是她，我不一定能够做得比她好，没有经历过，还是不要评价她了。

深度面：她为什么会这样？她父母的责任有多大？这是她想要逃离原生家庭的手段吗？

这些内容，完全可以展开来聊很久，而且可以更深入，借此也有利于两个人加深对彼此的了解。

3. **学会回应情绪**。很多时候，聊天不是要解决问题，而是要回应情绪。为什么喜欢养猫养狗的人远远比养鱼养龟的人要多呢？因为你可以跟猫和狗进行简单的情绪交流，而鱼和龟不行。学会分析对方每一句话背后的动机和情绪，然后给予及时的回应。难过了就给个抱抱，开心了就一起庆祝，不然的话，你跟那条鱼有什么区别呢？

找话题本身就是一个伪命题。

"聊得来"真的没那么重要

聊得来真的没那么重要，听得进才重要。

很多人受各种自媒体的影响，都会在择偶标准里面加入一项：聊得来。也许是因为感受多了被尬聊所支配的恐惧，所以大家对聊得来真的很在乎。

但是在亲密关系中，聊得来并没占很高的比重。我见过太多的反面案例，特别是一些擅长 PUA 的男生，正是利用了女生有"聊得来"这个需求，制造一种假象，让女生误以为自己遇到了真爱。

也有很多情侣开始一段感情是因为感觉彼此聊得来，但是到了最后，却不得不以性格不合、三观不合、"你变了"等原因分手。

聊得来这个事情，是可以通过后天去习得的，也就是说，只要经过学习和练习，你是可以轻易跟大部分人聊得来的。

无非就是读懂对方的话外音，知道对方真正感兴趣的话题是什么，再匹配一下兴趣爱好，对号入座，很容易就能给对方产生一种聊得来的感觉了。

相比聊得来，真正稀缺的是听得进。

所有的争吵里，都不过是两个人在哭诉对方没有听到自己的需求。女生一边做家务一边骂男生，不过是因为男生没有注意到她的辛苦付出。

聊得来只是亲密关系中的调味剂，并不是不可或缺的。想要维持一段长久的亲密关系，需要的是你能够听懂对方的潜台词，听懂背后没有被照顾到的需求。

愿意花时间去听你说话，挖掘背后的信息，能够及时给出合适的情感回应，这些都非常考验一个人在听你说话时的专注度。

我敢保证，现实中 90% 的人，都没有耐心听自己的伴侣喋喋不休半个小时，更别提在听的过程中，还能思考对方的动机和需求了。

聊得来是一件被高估的事情，而倾听则是一项被低估的能力。

很多人一谈恋爱，就习惯性地去研究对方喜欢的东西，去学习对方喜欢的东西，为的就是制造那种聊得来的感觉。

我有个读者就是这样，她认识一个男生，特别有好感，为了拿下他，把人家两年前的朋友圈都翻了一遍，终于搞懂了对方喜欢篮球，喜欢机车，喜欢攀岩。

然后她不断去学习这方面的知识，不断侧面展示给男生看，陪他一起玩。周末一有空就去玩机车，放假了就去攀岩。

经过不懈努力，我的读者终于成为这个男生的好哥们儿。

要知道，谈恋爱这件事，关键是在于情绪，而不是是否聊得来。很多"绿茶"根本不懂男生的爱好，她们也不感兴趣，但是她们知道，一句"哥哥好帅"，比你聊得来有用得多。

的确，聊得来很加分，但也只是加分项，并不是决定项。你跟一个男生聊游戏，聊足球，聊世界格局，首先，你并不感兴趣，所以很难共鸣；其次，这些内容，他跟他兄弟去聊不是更开心吗？

还是说，你想做他哥们儿？男生也一样，你就别学习美妆护肤这些技能了，你又不会真的用起来，除非你想跟她做姐妹。很多人会来找我说，老师，我们的关系太好了，好到他都不想跟我处对象了。这个问题就是，过于聊得来了，都聊成了哥们儿、姐们儿了。

重要的事情说三遍：制造情绪、制造情绪、制造情绪。什么关系就说什么话，还在追求聊得来的小伙伴，送你们一句话：

跟闺密，要聊得来；跟男生，要谈恋爱。

游戏比你好玩？因为你不懂反馈

有一次刚好放假，约了三五好友去珠江边喝酒，几杯下肚之后，他们玩起了游戏。我不玩，在旁边看着。

我旁边的那位男生朋友在玩游戏的过程中，收到了好几条备注是女神的微信消息，但是依然选择继续玩游戏，连点开消息的欲望都没有。

我问他，女神给你发信息了，还不回呢？他说，不回，没意思。

这个"没意思"隐约在印证着我内心的一些想法，随后我看了他跟女神的聊天记录之后，更加确定了我的想法。

我觉得这个现象挺有趣的。也许很多人看完之后觉得，这个男生并没有很喜欢女神吧。不然早就回复信息了，还玩游戏干什么。这也是大部分人看到的表象。

其实这背后的本质是，游戏和女神的反馈机制不一样，导致了这个男生对两者态度的不一样。

游戏动作1：你消灭了一个敌人。反馈1：音效胜利提醒+特效画面胜利提醒。动作2：你升级了。反馈2：升级权益。

女神动作3：你给女神送了礼物。反馈3：平平淡淡地回了一声"谢谢"。动作4：你给女神讲了个笑话。反馈4：女神淡淡一笑。

可以发现，在游戏里你的每一个动作，都有很强的正反馈给你。

久而久之，就会培养成一种思维惯性：你做了动作 A，就会得到反馈 B，而反馈 B 又会反过来加强你的动作 A。

比如，你的人物升级（动作 A）了可以得到技能升级（反馈 B），技能升级（反馈 B）又能让你的人物更快地升级（动作 A）。

这样就形成了一个正向循环，你会将越来越多的精力投入游戏中去升级。这就是正反馈带来的正向循环效果。

而女神的动作，刚好反过来，属于负反馈。

什么是负反馈呢？就是你做了动作 A1，依然会得到反馈 B1，但是反馈 B1 反过来却在弱化你的动作 A1。

比如，你天天找女神聊天（动作 A1），女神的回复总是平平淡淡的（反馈 B1），这样你就没有欲望天天找她聊天了（动作 A1）。

这样就形成了反向循环。时间久了，这个循环就停了。你也就没有精力继续去找她聊天了，如同我的那位朋友一样。这就是负反馈带来的反向循环效果。

知乎上很火的一个提问：为什么男生现在宁愿玩游戏也不去追女生了？现在我可以给出回答了：因为游戏真的比你"好玩"多了。

在男女相处的过程中，反馈机制也非常关键。

这里说说一个非常简单的技能。

你可以通过告诉一个人"你对我真好"来让对方误以为自己应该对你很好，最后达到真的对你很好的效果。

操作起来很简单，就是：只要你每天在十个不同的场景下说"你对我最好了""你怎么可以那么好"，对方就真的会对你越来越好，仿佛对你不好就是做错了事情一样，因为对方很开心地走入了一个"应该要对你很好"的人设。

也有好多人走进了反向的效果，很多找过我咨询的女生，有个特点就是很喜欢吐槽男朋友对自己不好，每天重复说"你对我不够好""跟你在一起特别郁闷"。

久而久之，他对你也就会越来越差，因为他会误认为"对你不好"该是他的人设了。

另外，别想着骂多了，吐槽多了，他自己就会自动变好。

如果你想让你的对象做你喜欢的事情，其实很简单，每当对方做你喜欢的事情时，你就给对方正反馈。

比如，把男朋友做的所有让你开心的事情表达出来，反复夸那件事，比方说你的男朋友主动把碗给洗了，你就疯狂地夸他，告诉他你很开心，感觉到了被照顾，还可以顺势亲他一口。

这种逻辑很像驯猴子，做对事了给根香蕉，小猴子就形成了某种条件反射一样，不停地做那件事情。

而且香蕉要每次都给，不能中断，这样的反射才强烈，才有效，记忆才深刻。

其实不管你是男神还是女神，如果你一直不给人家反馈，还期望人家天天跟你示好。我想说，这是反人性的行为。

而且，不要给这种反人性的行为美其名曰痴心、专一。热脸贴冷屁股久了，脸也就不热了。

为什么对方聊天越来越没耐心？

曾经在参加朋友的婚礼时，有一个小伙伴在微信上发消息给我，一大串"小作文"，都是在指责她的男朋友。

因为我当时也没有时间去给她分析太多，就大概扫了一眼她的"小作文"，知道她是表达出现了问题。

然后根据她存在的情况，帮她分析了一下，希望她可以发现自己的问题。过了一分钟不到，她又发了一段话过来，还是吐槽她男朋友的信息。

看到这里，我就关闭了手机，不回复她了。因为我知道，我说再多，她也不会看。

通过这段经历，我想说一件事，就是现在大家聊天的时候，都缺少了一个基本的操作：反馈。

就好像前面说到找我的那位小伙伴，我根据她的"小作文"，给她回复了：你自己心里的委屈，没办法通过自己的语言表达出去，对方感受不到你的委屈。

面对这个回复时：

她可以问我："那我要怎么表达？"

也可以说："我不太理解你的意思。"

甚至可以说："这难道是我的错吗？"

这些都属于反馈，都是基于我的回复，进行反问、追问、或者是质疑。这样虽然会有一些攻击性，但是至少是在给我一个反馈。

而她当时的做法是：继续说她自己的事情，不给我任何的反馈。这个行为会让我感觉她在无视我，没有认真听我的话，只想把我当作一个愿意倾听的工具人。所以我当时直接不理她了。

很多人在沟通的时候，都会有这种习惯，就是不给对方任何的反馈，只顾着说自己的。

任何人都有被理解、被看见的需求。

聊天交流的时候,当我们抛出一个观点或者一件事的时候,会渴望对方做出回应,这属于每个人天生就有的一种需求。

我以前看到一个有趣的段子或者视频的时候,就会分享给朋友或者发到群里。有的人会哈哈大笑回复我,这就属于反馈。

而有的人会无视我的消息,问我其他事情,这就是无反馈。通常对于这类人,我不会再分享任何有趣的事情了。

你回忆一下,对于那些天天找你的男生,突然某一天不找你了,也许对他而言,并不突然,只是一直得不到反馈,累了。

再比如发朋友圈这个行为,就是在寻求反馈。

发朋友圈这件事本身,并没有多大的吸引力,真正推动大家去发朋友圈的是,期待自己收获一大堆点赞和评论。

你要是发了几条朋友圈都没有点赞,或许你自己都会不好意思然后就删除了。

男女交往过程中,为什么反馈如此重要?

因为反馈的前提的是倾听,而倾听代表着自己被看见。

当一个人感受到了被看见的时候,他就会知道,眼前这个人是重视自己的,愿意去倾听、理解自己的话。

我见过一张很有意思的聊天截图。

男生说:"我困了。"

而女生的回应是,先分享一条微博链接,然后发一串"哈哈哈哈"。

男生看完了之后回应:"是挺搞笑的,哈哈哈。我准备睡觉了。"

女生继续发微博链接，然后继续发一串"哈哈哈"，接着说："这个也很搞笑，你看看。"

然后男生就不再回复了。

这个女生拿着截图来问我："老师，他是不是对我没兴趣呢？"

我真的很想告诉她，对方想要得到的无非就是一个"去睡吧，晚安"的回应而已。

这就是别人对你越来越没耐心的原因，和你聊天的过程中，根本得不到任何反馈。

就像上面案例中的女生，只顾着满足自己的分享欲望，而无视男生想要睡觉的需求。

一个小小的反馈行为，传达出来的信息是尊重、理解。

你听进去了，但是没反馈，那么对方就根本不知道你有没有听进去。

就像微信的小红点一样，对方来消息了，微信的会话列表就会出现小红点。这个小红点的意义就是反馈。反馈告诉你，对方回复你的消息了。

如果没有这个小红点，你就得不到反馈，根本不知道对方回没回你的信息，然后就需要隔一段时间打开微信查看一次。

其实要做到反馈这件事，特别简单，不用什么情商。无论你回答什么，让对方感觉到你确实听进去了，就可以做到基本的反馈了。

难点就在于，这是一个人人都会掉进去的聪明人陷阱。

聪明人陷阱就是在交流的过程中，你已经预设了自己比任何人都聪明，所以别人的话不重要，自己的话才最重要。

在开会的时候,那个一脸不耐烦,随时准备打断你,来对你的言论进行一番点评的人,就属于掉进了聪明人陷阱。

感情中也是一样,你也走进了一个自己才是最重要的场景当中,所以别人的话,你不需要听,也不需要回应,只管说自己的事情就好。

要走出这场景也不难,只需要把关注点放在对方身上,而非自己身上即可。

最可怕的是,你已经掉进聪明人陷阱了,却没有察觉到。

交心期

精神世界交流

到底是什么让关系更加亲密？

曾经有人对100对认为自己婚姻非常幸福美满的夫妇进行访问调查，最后发现，所有夫妇都有提及一个词："温柔"。于是调查人员就认为，温柔是保障关系亲密的关键所在。

这个观点我不同意。在我接过的咨询当中，见过无数温柔的男生女生，但是他们依然相处得非常糟糕。并且在他们这种病态的关系中，温柔带来的，反而是压抑、委屈、不被理解等感受。

那么到底是什么因素让关系更加亲密呢？

金钱？——很多有钱人的感情生活也是一团糟，比如某些明星。

对我好？——一味地迎合，终究会让你觉得枯燥。

其实让关系更加亲密的是真诚。双方越是真诚，关系就越亲密。

看到这里，你以为这又是一碗价值观无比正确的"毒鸡汤"吗？请往下看，会加深你对真诚的认知。

真诚不是件容易的事

很多人觉得，真诚不是很简单吗？不撒谎就行了，认为自己就很少撒谎呀。但是，并不是仅仅不撒谎就够了。真诚是能够真实、毫无保留地分享自己的感受和情绪。不要认为这很简单，大多数人都没有办法做到这一点。生活中，有些人总是会让人觉得很真实、很豁达，这就是真诚的表现。

  有一对情侣，每次有矛盾的时候，男生就会选择冷战，然后不哄女生也不说话。女生认为男生一定是不够爱自己，否则为什么不来哄自己呢？后来经过我的了解后，才发现这个男生内心真实的感受和情绪是：害怕发生冲突，担心因为吵架而导致分手。整个人非常焦虑，所以选择回避、不沟通，认为让女朋友自己消气了就没事。

  这里就可以看到，这个男生并没有做到真诚。他不敢去表达自己害怕的情绪。因为表达了之后，就相当于默认了自己是一个懦弱的人，害怕他女朋友知道他懦弱后，就要和他分手。不过这些都是他想象的。想知道女生的角度是怎么看待这件事情的吗？我和他女朋友聊了之后，他女朋友说："他为什么不敢跟我说？我不会觉得他懦弱啊。他能够跟我交心，我会很开心的，我会觉得他信任我。"

  "翻旧账"也是不真诚的行为，每次吵架的时候翻旧账，就代表着这个属于过去的矛盾还没过去，但是你没有选择在当时真诚地表达出来，隐藏了当时的情绪和感受。再次吵架的时候，过去的这个矛盾被激活了，同时被激活的还有你当时的情绪和感受。但是在伴侣看来，会很莫名其妙，心想：这件事情不是翻篇了吗？

  最后我要说说，对自己真诚。有讨好行为的人，就是对自己不真诚。一群人聚会的时候，有人说了你的坏话，你心里觉得被侮辱，很受伤，希望他不要再讲。但是你依然笑脸相迎，表现出自己很大方、无所谓的样子。这就是对自己不真诚。你并没有很大方，你心里真实的感受是感觉到被侮辱，你希望他停下。心里想的，和现实做的不一致。表里不一，人就容易变态了。

有温柔，真诚才能生根发芽

轻易地对人真诚，很容易被人抓到弱点来利用。那么这时前文说到的温柔，就起作用了。需要温柔来做温床，真诚才能生根发芽。你可以放心地去表达自己的真实感受和情绪，不用担心对方会取笑你、指责你。我认为这是一种深刻的温柔。

我们人与机器的区别在于，我们能够进行情感交流。如果每天都只是汇报式沟通，吃了吗？吃了。睡觉了哦，晚安。那和机器有什么区别？你想跟一台复读机相处，还是想跟一个活生生的人相处呢？不要忘记了自己的人性。人性就是敢于真实地表达自己当下的情绪和感受。人性才是我们吸引他人的关键所在。

理解先于建议

"我的狗狗生病死了，唉。"

思考一下，当你的朋友对你说这句话的时候，你怎么办？我们带着问题往下看。

任何人都无法做到真正的感同身受

除极少共情能力强的人以外,听到上面这句话的时候,一般的感受都是:无感。共情能力强的人,或者有相似经历的人,会感受到难过。但是程度一定是比不上当事人那么剧烈的。

其实我想说的是,任何人都无法做到感同身受。想要真正地与一个人感同身受,唯一的办法就是,你真正地去经历一次对方经历的事情。

亲密关系中,正是因为双方无法做到真正的感同身受,导致无法做到深刻理解对方,更无法进行深层次的沟通。

两个人对同一件客观事实的感受是不一样的。感受不一样导致了人对同一件事的看法和反应都是不一样的。

举个例子,曾经我和女朋友会因为"上班没有回消息"这件事情吵架。当时她待业在家,比较无聊,就会经常和我微信聊天。而我刚好有一天会议比较多,确实没有来得及看手机回复信息。

她当时觉得,我一定是对她越来越不上心了,信息都懒得回了。而我的想法是,我是真的忙到来不及看手机了,为什么她就是不能理解我呢?

后来我思考了一下,这里的区别正是因为我们的注意力占比是完全不一样的。因为不用上班,她的注意力占比80%都在微信聊天上,而我的注意力占比只有20%在微信聊天上。

这就像在家做家务的人,无法忍受下班回来乱丢袜子的人,而下班回来的人也无法理解,我都累了一天了,为什么还要花精力去摆好袜子。只有让上班和做家务的人真正互换一天，彼此才能做到感同身受。

后来我女朋友去上班，忙了一整天，回家后和我说的第一句话就是："我终于理解之前你为什么没有回复我信息了。"

转移情绪式的安慰不如不要

回到开头那个提问，也许你心中已经有了一些回答。我相信，大部分人的第一个想法是去说"别难过了，别哭了，振作起来，还要继续生活呢"之类的话。这种安慰方式，在亲密关系中也是非常常见的。一方表示非常难过，而另一方则安慰对方不要难过什么的。

当你的伴侣心烦意乱的时候，你是希望自己赶紧"逃离"，还是觉得自己有责任去"帮助"对方走出来？无论你是哪一种，最终呈现出来的话就是"不要难过了"这一类自认为很有支持性的话。

也许出发点是为了伴侣好，但给伴侣的感觉就像，你不想管这个事情，你想让她一下子就好起来，既不耐烦，也不以为意。

如何高效和他人建立情感联系

其实更好的做法是，把对方这一次的诉苦，看作一次和对方建立情感联系的机会。接下来有几个办法推荐给大家，不需要你有超强的共情能力，也不需要你有敏锐的情商，只要你把这几个方法，融入你的聊天习惯中，就能高效地和任何人建立情感联系。

第一步：准确地把你的感觉说出来

我发现，找我咨询的人里面，大多数人无法精准地描述自己的感受，无法用语言来表达自己的情绪。这是两个人建立情感联系的巨大障碍。这里教大家一个快速判定情绪的办法。

去想不同的情绪表达用语，如感激、愉悦、骄傲、被尊重、安全、被疏远、内疚、孤独、没人爱、被责怪、背叛、愤怒、无力、防御、受挫等（更多情绪用词，大家可自行搜索和积累）。

然后观察自己，如果你是身体放松的状态，就等于你的身体在告诉你，就是这个感觉了。找到了感觉之后，你就向对方描述你的感觉。

第二步：提出开放式问题。

什么是开放式问题？就是有多种可能性回答的问题，而不是单一的"是"或者"不是"。典型的封闭性问题如："电影好看吗？"人家只能回复"好看"或者"不好看"。这样很容易聊崩了。

你可以问："你觉得这部电影哪个环节最打动你？"这样的提问，能引出更多的下文，鼓励对方去表达自己，无论是日常的交流，还是重要话题交流，都适用。

第三步：重复对方的感受。

当你的伴侣回答了你的问题之后，你可以重新组织自己的语言将对方的感受重复一遍。当你把对方的感受重新表达再反馈回去的时候，会让对方觉得你真的是感同身受了。

这样就会鼓励对方进一步地打开自己的心扉。比如当你的伴侣被老板骂了，你可以尝试这么说："你当时一定很委屈吧。"

第四步：统一战线。

无论你的伴侣和你吐槽什么事情，事关重大或者鸡毛蒜皮都好，请一定不要给建议。你要做的第一件事，是要表达出"我是站在你这边的"。无论对方是对的还是错的，都要把你想要表达观点和建议的欲望给扼杀掉。

　　这个时候对方正在情绪上，不是讲道理的最好时机。你要做的是，让对方知道你们是同一战线的。无论如何你都要理解对方的情绪，因为所有的情绪，都是正当的。

　　如果你的女朋友被老板骂了，向你吐槽的时候，你第一句话可以说："这个老板有毛病吧？"这个时候千万不要给她任何建议，不然你就是有毛病了。

　　记住吉诺特的名言：理解必须先于建议。再多说一句，如果对方没有问你"我要怎么办？"的时候，你根本不需要给任何的建议。

　　回到开头的提问：

　　"我的狗狗生病死了，唉。"

　　思考一下，当你的朋友对你说这句话的时候，你现在应该知道要怎么回复了吧？

两个人分享什么有利于建立深度关系？

　　记得有一次，家里因为网费到期了，没有及时续上，补缴费用后工作人员告知一小时左右才能恢复上网。同时因为家里的信号较差，所以也无法依靠移动网络来上网。就这样，我和女朋友意外地获得了短暂的"断网一小时"的无聊时间。

　　因为全面断网，既玩不了手机，也用不了电脑，于是我女朋友开始翻自己的手机相册打发时间，翻着翻着就开始分享相册里一些搞笑的照片和视频给我看。

受她影响，我也开始翻自己的手机相册，分享照片给她看。就这样彼此分享，一小时很快就过去了。因为这件小事，引发了我的一些思考。我意识到，分享这个行为能够带来快乐的情绪，并且分享这个行为的本身，也能带来分享。下面我展开说说。

分享本身就能产生愉悦

我特地去查了资料，发现真的有人做过这种实验。哈佛大学神经科学家简森·米歇尔和戴安娜·塔米尔曾做过一项研究，把脑部扫描仪放在被测试者的头上，然后向他们提问各种分享信息的问题，比如："你喜欢吃什么东西？""你觉得最糟的一件事是什么？"

结果发现，被测试者在分享个人观点时的脑电波和获得金钱时一样兴奋。所以说，分享本身就是一种内在的奖励。

就像我们看到干净的天空、大海以及搞笑的事情、新闻八卦，总会忍不住要分享给他人一样。

在感情中，如果两个人停止了分享，就等于停止了交流。

亲密关系中，沟通交流是增加两个人情感连接的重要手段。我们潜意识里面希望通过分享这个行为，去找到气味相投的人。如同孔雀开屏、小鸟唱歌一样，我们拼命向周围发出信号，来吸引别人。

什么适合分享？

我们已经知道了分享的重要性，但并不是所有的事情都适合去分享，要分清楚什么是分享，什么是喋喋不休。那么，什么是适合分享的呢？我列了以下三条：

1. 能够为别人带来价值的事情，实质价值也好，情感价值也好。比如你分享的东西能让对方开心、愉悦，又或者是你分享的刚好是对别人有启发的干货知识。

2. 分享自己对某些事情的价值观，让别人了解你的底线。

3. 分享自己的感受和情绪，让人觉得你更加真实。我们的交流是人与人之间的交流，而不是人与机器之间的交流。而有感受、有情绪，正是我们与机器人的区别所在。

分享的"雷区"

必须重点说一下，绝对不能分享的事：你的抱怨。

你可以谈论生活中不好的东西，只是不要采用抱怨的方式——抱怨是没有吸引力的，也不能展现出你的人性。如果一定要分享不好的东西，请只分享感受就好。

举个例子，大家感受一下其中的区别：

"今天你没有回我的微信，我等你很久了，你死哪儿去了，不会说一声吗？你是不是不爱我了，不想理我了？"

看，这就是抱怨。这里一点儿也没有涉及你自己，所谈到的都是你以外的事情。这样的方式制造出的表达是没有感情色彩，并且充满指责的。

现在跟上面的例子做一下对比：

"今天一天都没有收到过你的微信了。我感到自己好像没人爱了一样，而且有一些失落。"

第一个例子的谈话方式会发展成一次指责与被指责的争吵。

第二个例子的谈话方式会发展成一次触及内心深处的交流。

当你情绪低落的时候，你适当暴露出自己内心的感受以及观点，才能让别人走进你的内心。

最后总结一下，表达不好的感受，关键是要围绕你自己的内心情绪来下功夫，不要抱怨"身外"之事，不要扯到与自己本身无关的外部事物上去。

你的目的就是向对方表达自己的内心感受，展现你的观点或者价值观，并通过分享这些情感和精神层面的东西来感染对方。

怎么学了很多话术，还是不会沟通？

在我看来，能够和异性谈笑风生这种品质，是一个人的语言组织能力和情绪感知能力的综合体现。然而大部分人只注重语言组织能力的学习和提高，而忽略了情绪感知能力的培养。

语言组织能力就是你们所理解的话术、表达技巧。这些东西是要学，但是不能只学这些。没有情绪感知能力作为基础的语言表达，就像是毫无根基的大厦，随时会崩塌。

大家应该能懂我说的意思，有些小伙伴，学了一些沟通技巧。然后在跟异性相处的时候，运用上了，但是效果并非自己想象的那么好。

分享我的一位读者的故事。

因为总是跟女朋友吵架,他在网上学了很多沟通技巧,特别是非暴力沟通,让他印象非常深刻,觉得里面的案例简直就是在说自己一样。

学会了之后,他马上运用到了和女朋友的相处上,一开始似乎很有效果,双方吵架的时候,强度不会像以前那么强烈了。

后来又遇到了一次吵架,女生很愤怒地对他说:"我很生气,不要跟我说话,走开。"

然后我的读者马上运用了自己学到的非暴力沟通。没想到被他女朋友说了一句让他蒙圈的话:不要再将你在书上学到的东西用在我的身上了,不然就分手,因为你根本就没理解我。

学了一个沟通技巧,然后套用到所有沟通场景当中,这是很多表达困难者的缩影,这也是一种偷懒的体现。

企图用表达方式上的技巧,掩盖自己无法感知到情绪的不足,只知道不断在吵架过程中套用沟通技巧的公式,是这位男生最大的问题。

丝毫感知不到女朋友的愤怒情绪,而且女朋友已经在很愤怒的状态之下,又表达了"不要跟我说话"这种诉求,但凡一个识相的人,都知道该回避一下了,这个时候还顶着上,不就是作死吗?

懂很多沟通技巧,就是会说话了吗?是,也不是。

说是,是因为你的确是懂了一些语言组织能力和表达技巧。

说不是,是因为你只懂招式,不懂心法。

就像一个因为自卑,在沟通过程中唯唯诺诺的人,会因为学了一些沟通技巧,然后就能和异性谈笑风生了吗?几乎不可能。

跟大家分享一个我的朋友去相亲的故事。

有一段时间土味情话挺火的,我那个朋友当时就学了挺多的。

在一次相亲冷场的时候,为了缓解尴尬气氛,他脑子一热,说了个土味情话。大概对话如下:

"我知道有三个人喜欢你。"

"谁呀?"

"我呀我呀我呀。"

"……"

我!的!天!

说完这句话的三秒钟里,沙发都要被他抓烂了。他说,一辈子都忘不了对方翻白眼的表情。

这句土味情话本身是没问题的,符合幽默的两个要素:情理之中+意料之外。问题就在于,用得不合时宜。

什么时候用,用在谁的身上,这都是在考验一个人对现场气氛的把控,对他人情绪的洞察,对自己风格的理解。

如果说两个人聊得挺开心的,双方都处于一种开心且暧昧的状态之下,说这句土味情话,绝对是加分表现。但是本来就处于尴尬气氛中了,还非要说这种土味情话,只会让气氛更加尴尬。

我们来实战体验一下:

假如有个男生对你说:"嘿嘿,我昨晚梦到你了。"

你也对他有好感,这时候你会怎么回复他呢?比较高频出现的回复一般是这几种：

"是吗？梦到了什么？"

"哈哈哈，是不是想我了？"

"我也梦到你了。"

以上的回答，不能说不好，只不过还远远达不到"会说话"这个标准，要么缺少语言表达技巧，要么缺少情绪感知。

"我昨晚梦到你了"，这句话本身就是带有一种试探性质和表达喜欢的态度。要如何做到精准表达出你的好感，又不会过于直白呢？

如果是我，我会说："如果你主动一点儿，就不至于在那儿做梦了。"

这个世界上不存在任何让你学了就能变得会说话的话术，所有的话术都是超强情绪感知能力的外在体现。

能够第一时间知道对方的情绪是什么，对方表达这种情绪对应的是想要得到什么反馈，合适且巧妙的话就自然而然地说出来了。

就像武侠小说中，真正的高手都是达到了无招胜有招的境界。会说话也是一样，当你的情绪感知能力达到了一定境界后，你甚至不用学习所谓的话术，自己就能创建话术。

聊天时，如何快速引起共鸣感？

你的好朋友失恋了，很难过，来找你倾诉，你打算如何共鸣对方呢？

这是一个思考题，请带着这个思考题，往下看，后面我会揭晓答案。

和异性接触过的小伙伴都知道共鸣在人际交往中的重要性。好的共鸣，可以无限激发对方的倾诉欲望。一个懂得在聊天过程当中挑起共鸣的人，必然能够轻易在社交圈中引人注目。

共鸣不是一个陌生的话题了，但是有多少小伙伴能够真正做到有意识地共鸣？在此之前，我们先来了解一下"共鸣"的定义：一指物体因共振而发声的现象，二指由别人的某种思想感情引起相同的思想感情。这里我们关注第二种含义即可。

共鸣用大白话说就是，我们要对别人的经历感同身受。这里导致大家有了第一个误区，就是认为如果需要产生共鸣，那么我们必须先了解到对方的感受。其实根本不需要，也很难做到。即使是专业的演员，要演好一个角色，也要去先体验那个角色的生活、经历，才能理解角色的内心世界。

比如黄轩拍《推拿》之前，先将自己送到盲人学校，跟盲人们一起吃一起住，每天都戴着眼罩生活，就是希望能体验盲人那种眼前一片黑暗的感觉。一个专业的演员，都要如此深入体验才能找到共鸣，想想作为普通人的我们，去真正地感同身受得有多难。

所以更加高效的共鸣方式应该是，以自己为中心，对外辐射。怎么理解呢？

重温一下"共鸣"的定义：由别人的某种思想感情引起相同的思想感情。

这里我们拆解一下关键词，"思想""感情"。思想就是你对一件事情的看法、感受，感情就是你对一件事情产生的情

绪。所以说，<mark>最高效的共鸣方式，就是真实地去表达你自己内心的感受和情绪，前提是，真实。</mark>

这里教给大家一个小技巧，当对方向你表达某种情绪的时候，回想自己在什么时候有过对方所说的这个感觉，想想那时候自己的感受，然后你就知道该怎么共鸣了。

这也是为什么我们觉得有的人很真实，就很喜欢和他们玩。因为真实的人，让你产生了共鸣。你在这个真实的人身上，看到了相似的自己。而人总是会对跟自己有相似性的人有好感。

回到开头所说的思考题：你的好朋友失恋了，很难过，来找你倾诉，你打算如何与对方共鸣呢？

小白的回答：哭啥呀，不就一个对象吗？！

初阶的回答：我能理解你的感受，一定很难过。

中阶的回答：唉，你现在一定很心痛吧，明明自己付出了那么多，对方还是离开了。

高阶的回答：看到你抱头痛哭的样子，让我想起了初恋和我分手的时候，那时候我彻夜失眠，感觉整个世界都抛弃了我，我觉得当时的自己好差劲，根本不配拥有爱情。（然后抱着对方一起哭。）

这里我想重点说一下，高阶的回答运用的技巧，是"讲故事"。这是一种很高明的手段，人类从远古时期就开始有讲故事的习惯，比如创作壁画。你会发现，故事的共鸣效果，非常深入人心。比如，孟母三迁、孔融让梨等中国经典故事，除了让我们学会了这个成语以外，还做到了一种意志的传承，孟母三迁让我们懂得了环境对教育的重要性，孔融让梨让我们知道了什么是谦让。<mark>当我们将讲故事这种共鸣方式，运用到人与人</mark>

之间的交往上，你就会成为对方忘不了的人，因为你通过故事，不断地传达自己的思想给对方。

那么如何去讲好一个故事呢？聪明的小伙伴可能会发现，高阶的回答当中，是通过先挖掘类似的经历，然后复述来产生共鸣，思路是没错，但是漏了一个重要的细节：情绪和感受。少了这个就等于少了催化剂，你们之间没办法产生强烈的化学反应。

举个例子，如果是单纯描述经历的故事：

> 我今天上班，看到一个外卖小哥丢掉了自己的外卖，载一个快要迟到的高考生去考场，连闯了三个红灯。

这种讲故事的形式，也能满足人猎奇的心理，但是给人印象并不深刻。

加入情绪和感受之后，我们再来看看：

> 我今天上班，本来好累好没动力的，看到了一个外卖小哥丢掉了自己的外卖，我一下子就精神了，原来他是载一个快要迟到的高考生去考场。我当时就愣住了，等我反应过来的时候，他已经连续闯了三个红灯走了。突然觉得自己好不争气，外卖小哥天天日晒雨淋，都还有如此强烈的社会责任心，而我天天空调、奶茶、星巴克，却跟一条咸鱼一样喊苦喊累，我不禁对自己的选择产生了怀疑。

你看，第一种描述仅仅是对事件的描述，而第二种描述方式则升华了好几个等级，加入了个人的思考和情绪，引出了社会责任心的话题，最后还留下一个话题开口，引人深入思考。

这两条内容分别拿去发朋友圈，我相信，第二条收获的点赞和评论一定是更高，并且会让人对你刮目相看，因为这短短100多字，已经展现了你的思考。

如果我刷到这么一条朋友圈，一定会点击对方的头像，浏览一下朋友圈，然后或私信或评论，跟对方一起探讨最后的话题。

如何读懂对方的潜台词？

都说女生第六感很强，要我说，如果每个人都凭第六感去谈恋爱的话，世间就没有恋爱可谈了。

我发现，不少女生在谈恋爱的时候，太过依赖感觉，而失去了基本的逻辑推演能力。通俗点儿说，一谈恋爱，就傻了。

说一个最近的案例，有个女生找到我，表示想修复一下感情，因为觉得最近男朋友不太上心了。

我就问："对方有什么具体表现？"她说："最近不找我视频了，我觉得他不爱我了。"

然后我问她："他会不会不喜欢视频或者语音通话呢？"她说："我觉得不会呀，不然为什么还跟我聊？"

我又问："他最近有没有发生什么不愉快的事情？"她说："我觉得没有呀，没听他说过。"

大家看到上面的对话，能发现问题所在吗？思考五秒钟，接着往下看。

问题就在于，当男朋友出现了她无法理解的行为时，她对原因的判断都来源于个人感觉。

细心的小伙伴会发现，这个女孩在谈话中出现的最高频的词就是"我觉得"。

他不跟我视频，我觉得被冷落。爱我的人不会让我感觉到冷落的，因为他让我感觉到被冷落了，所以，他肯定对我没有以前那么上心了。对，就是这样。

然后就得出了结论：他对我变得没有以前那么上心了。

她也不管对方是否发生了什么不愉快的事情。

都说女生的第六感很准，但是第六感，也只是依靠当下的感觉和情绪。

问题就在于，这一切都是基于你以往的经验或者所接收过的信息做出的判断。这就非常容易产生误会。

比如，你看了微博上面一个博主说："男人突然对你好，多半是因为出轨了。"

然后底下一堆评论附和说："对，就是这样，我男朋友就是这样的。"然后你信以为真。

某一天，你男朋友喜欢的球队比赛赢了，他很高兴，带你去吃饭，看电影，买首饰。

这个时候，你的第六感跳出来了：他怎么突然对我这么好？

大脑开始搜索信息，然后搜索到了一条一周前你刷微博看到的动态："男人突然对你好，多半是因为出轨了。"

然后你就有了结论：这个死男人肯定是有"小三"了，哼。

于是，吃饭、看电影、购物的时候，你全程摆脸色。

当他问你怎么了的时候，你突然蹦出一句："你是不是外面有人了？"

至此，一场好好的约会，已经被破坏了。

所以说，依靠第六感，并不能保证每次都是精准的，反而容易出现闹剧。

真正的情感"老司机"，对于他人的潜台词的判断，都是依靠动机，而不是感觉。

因为他们深刻意识到，每个人不会平白无故地去做一件事情。

每个行为的背后，都有对应的动机，而动机背后，一定是有着未被满足的需求。

就像你饿了，要去吃饭一样，生理性动机就是你的求生本能发出了信号，而需求则是你的身体需要补充能量了。

当你能够通过动机去对行为做出判断时，就能减少非常多的矛盾，还能及时发现对方外在行为表现的背后未被满足的需求。值得一提的是，有时候这个需求，当事人自己都不一定知道。

举个例子。

男生在周末一大早，给你发了一张自制早餐的图片。你觉得他的潜台词是什么？

先说结果，他的潜台词是：快来夸我，满足我的虚荣心。

我们用动机来分析一下：他为什么要发照片？

很明显，是想让我们知道他的两个信息：一是他会做早餐；二是他会早起。

那么再来分析一下：这个动机背后对应着什么需求呢？

这个需求足以让他一大早，冒着打扰我的风险，也要发过来给我看。

很明显，他在追求我们的认可。

认可什么呢？第一，会做早餐，还能做得很好；第二，这么早就起床做好了早餐，是一个自律的人。

所以，他是在侧面展示自己的价值，他想告诉你：嘿，我是一个会做早饭又很自律的男人，快来喜欢我吧。

不要觉得很复杂，其实这个过程在我脑中不过就用了一秒钟而已。

得出结论后，我们就知道该如何回复他了。

你可以这么说：哇，你真是一个自律的人，那么早就起来做早餐。哦哟，早餐看起来还不错的样子，没想到你还是一个居家好男人哪！

男生听到这句话后，就会觉得很受用，因为这就是他想听的话。

而据我观察，有不少小伙伴在早上收到对方的图片时，第一句话是：我刚醒。

所以，你也别怪人家不喜欢找你聊天，得不到想要的反馈，瞬间就会觉得索然无味。

毕竟，谁都不喜欢满怀欢喜却扑个空的感觉。

如何激发对方的聊天欲望？

你有没有过这样的聊天经历？

我有一个朋友是在大学做辅导员的，我一直挺好奇他的辅导员生活是怎么样的，有一次聊天就借机问了一下："哎，你的大学辅导员生活怎么样？好玩吗？"

他的回复是："就那样吧，挺好的。"

就这？

聊天到此戛然而止，表面上看起来，他似乎并不会聊天，我满怀期待去了解他的工作经历，他就回应了个响。

后来的一次经历，让我想明白了这件事。

有一次跟大学舍友聚餐，聊天过程中，我突然想到了之前他跟他老婆去哈尔滨玩，然后我就随口问了一句："哈尔滨是不是挺冷的？"

没想到的是，我这随口一句的提问，就像是打开了他的话匣子一样。

他开始跟我分享他在哈尔滨的经历，并且描述得十分细致，比如眼睫毛都结冰了，晚上五六点街上就没啥人了。

这些让他印象特别深刻，因为他和我都是广东人，广东这边晚上五六点才开始出去玩，因为白天太晒了。

这些跟我们的生活环境差别特别明显，所以让他印象很深刻，我听了也觉得很深刻。

我就在思考：是什么造成了这两次聊天的差异呢？

按道理来说，好几年的辅导员生活，可以聊的东西肯定是比去一次哈尔滨能聊的东西要多很多。

后来我想明白了，并且提炼出了一个"**关键词聊天**"的思路。

你看，聊天中我们如果想知道对方的经历和故事，本质上其实我们在聊的是回忆。回忆是零散的，它深埋在大脑里，不会轻易消失，但是也不会轻易出来，除非有特定的东西来唤醒它。

你肯定也有这样的经历，因为一件物品、一句话，甚至是一股味道，就立马将你拉回到曾经的经历当中，一切仿佛历历在目。

就好比你问我："你妈妈做的什么菜最好吃？"我也许一下子想不太起来，但是如果让我突然闻到我妈妈给我做的炒牛肉，我一下子就能跟你说很多妈妈做菜的味道和相关的回忆了。

同理，回到为什么我跟辅导员朋友聊不下去，原因之一，就是我的提问方式并没有唤醒他的回忆。

我就单纯问一句，辅导员生活怎么样，太泛泛了。如果我问细致一点儿，说不定就能够打开他的话匣子。比如：饭堂的菜好吃吗？宿舍环境怎么样，是独立大单间吗？学生们好不好管？

跟回忆链接的是感觉，跟感觉有关的就是眼睛看的、鼻子闻的、嘴巴尝的、耳朵听的、皮肤感受的。

而我跟大学舍友之所以能展开聊很多，也是由于我不经意间提及了一个"冷"字，触及了对方当时在哈尔滨的真实感受，进而唤醒了对方的具体回忆，激发了他强烈的表达欲。

如果我直接问哈尔滨怎么样，好不好玩，可能得到的回复也就是"好玩"或者"不好玩"，而没办法展开更多的话题了。

你细心回忆的话会发现，以往跟某个人聊得很开心的时候，一般都是对方一句关键提问，一个关键词回应，让你突然想起来有好多好玩的东西想要表达给对方听。这个就是激发聊天欲望的过程了。

说到这个，我想起来一个可以更加印证我这个理论的经历。

一位前同事，他也自己做了公众号，有一次跟他聊天，他问我："你的常读用户数有多少？你的打开率如何？"

这么一问，就立马把我的话匣子给打开了。我噼里啪啦说了一堆自己做选题的痛苦，天天盯着打开率，有事没事就看看打开率有没有下降。

那天我们聊了很多很多。

其实除了他，还有很多前同事来问我关于公众号的事情，无非就是你的公众号做得怎么样，而我的回复就是，就那样吧。

是不是很熟悉？简直跟辅导员朋友的聊天经历一模一样。一句泛泛的"公众号做得怎么样"，并不能唤醒我对做这件事的感觉和回忆，所以也就打不开我的话匣子。

而常读用户数和打开率两个数据，是很重要的数据，可以说它们承载了做公众号的人喜怒哀乐所有情绪，是个做公众号的人都会在意。所以这位前同事一问我，瞬间就击中了我，精准地刺激了我的表达欲。

所以，<mark>如果你想要打开对方的话匣子，就得找到那个能够刺激对方记忆的关键词。</mark>

这个方法没有捷径，需要你的知识量足够宽广才行。我也只是提供一个思路而已。

到底怎么做才能有效增进感情？

下面说一个情感里面的认知误区，关于感情如何升温的问题。

我发现很多小伙伴依然单纯地认为，时间的积累就等于感情的积累，这是错误的。

如果时间积累就等于感情积累的话，为什么一些十几年的夫妻能够被认识几个月的"小三"给打败呢？

这里涉及了一个概念：有效时间。

什么是有效时间呢？就是你们两个人相处的时候，能够满足有投入、有情绪波动、有共同经历三个条件，才能算得上有效时间。

十几年的夫妻，每天不注重精神交流，生活上也是各自过各自的，甚至都记不起上一次的烛光晚餐是什么时候了。

这个时候，虽然他们的相处时间是十三四年，但是他们的有效时间也许只有刚结婚的那三四年。而往后的十年里，都是无效时间。

现在有一个小女生介入你们的感情中，她会撩又可爱，能够让你老公心痒痒，同时还会带你老公去体验蹦迪、开卡丁车、打球等等。

也许他们的实际相处时间只有三个月，但是他们的有效时间却有两个月。这个时候，你怎么和她比感情浓度呢？随着时间的推移，你只会越来越没有主动权。

我有一个想要脱单的读者，其实她自身条件并不差，但是每个追她的男生，都坚持不了三个月。后来我发现，她有一个致命的错误认知。

她觉得，聊天就是在增进感情，聊得越久，感情就会越好。于是跟每个尝试追求她的男生微信聊天，她都保持一个节奏。

就这么一直聊，约见面的时候却总是说，还不是时候，再等等。而聊天内容也几乎都是每天汇报自己吃了什么，做了什么。

等于说，男生和她聊了三个月里面，都是无效时间，对增进感情而言，毫无作用。讲道理，这种情况下能够聊三个月，我觉得也是挺用心了。

很多恋爱中的小伙伴也是一样，对聊天这件事情，都有一种莫名的好感。觉得聊天就能增进感情，不聊天就会感情变淡。

如果感情的规则真的如此简单，恐怕我早就爱上了我楼下的早餐店老板了。毕竟我几乎每天买早餐的时候都会跟他聊天，路过的时候也会打招呼。

这就是有效时间和无效时间的区别，很多时候你真的是在做无用功。

前面说了有效时间包含了三个条件：有投入，有情绪波动，有共同经历。具体怎么理解呢？逐一解释下。

有投入就是对方会对你进行时间、金钱、精力的投入。虽然聊天本身已经包含了时间投入，但是仅仅依靠时间投入，是不够的，还需要精力投入，比如通过潜意识的影响，让对方在约完会、聊完天之后，也能一直想着你，回味无穷。

再比如金钱投入，就是对方请你吃饭、给你送礼物之类的。当然，你也要回礼。

有情绪波动，说白了就是会提供情绪价值。前面说的案例里面，每天都在汇报自己做了什么、吃了什么，这种情况下，你们的感情是没办法升温的。

每天都重复一模一样的事情时，它带来的效果是随着时间的增长而递减的。

比如刚开始暧昧的时候，你分享自己的生活，对方会觉得很开心，但是暧昧了一两个月了，你还在分享自己的生活，这样就会变得非常无聊了。

有共同经历就是，你们有一起为了一个共同目标而去做某件事情。这里要区分的是，不是说你们两个人待在一起，就算是有共同经历了，这种不算。

比如两个人一起聊天，这个顶多算是消遣，而不是经历。因为聊天的时候，是没有目标的，就是聚在一起打发时间罢了。

懂了这三点，我们就知道如何去升温感情了，关键在于建立更多的有效时间。

举个例子。你可以让对方为你做一个蛋糕，然后你帮忙打下手。做好一个蛋糕是你们的目标，为了完成这个目标，你们首先需要查如何做蛋糕，懂了之后，还要去购买材料，然后还要打蛋白，等等。在制作的过程里面，你可以调皮一下，比如对方打蛋白的时候，你可以捏一下他的肌肉。蛋糕做好之后，你还要疯狂夸他厉害，提供情绪价值。

除了做蛋糕，还可以让对方给你拍照片。约好去一个拍照胜地，然后让他帮你拍。拍的时候，你摆各种各样风格的姿势，有性感的、可爱的、妩媚的、忧伤的等等，让对方见识你的多样性。拍完后，还可以让他帮你修图。

整个过程里，有投入，有情绪波动，有共同经历，这样的事情，才有利于你们升温感情。

这样不比你每天聊微信有效得多吗？

暧昧期

确定关系，从朋友升级到亲密关系

关系模糊不清？也许是漏了这件事

有一个女生在网上认识了一个男生，这个男生一开始挺热情的，各种主动聊天、找话题、约见面。

见面后，女生觉得男生整体都不错，挺符合自己的择偶标准，于是选择继续和他接触下去。

随着时间的推移，他们越来越亲密，有了牵手和拥抱。

自从拥抱过后，女生的行为开始发生了变化，会要求男生做这个做那个，开始行使女朋友的权利。

接着呢，女生可以明显感觉到，男生的热情度严重下降了。于是女生找他质问怎么回事，男生也不直面回答。

她感觉到不对劲，但是又说不出哪里不对劲。

她总感觉自己在这段感情中，毫无话事权，想离开他，似乎又觉得从未在一起过。

看到这里，你觉得他们是在谈恋爱吗？是什么问题导致了关系发展成这样呢？

大家不妨思考一个问题：两个人怎么样才算是在谈恋爱了呢？

看到这个问题，相信每个人心中，都有自己的一个答案。

经验少的小伙伴可能会觉得，牵手就算是在谈恋爱了。也有人觉得，至少要在朋友圈公开才算。甚至有人会觉得，即使发生了关系，也不一定就是在谈恋爱。

发现了吗？每个人对于"在一起"的理解，都是根据自己以往经验来判断的。可是我们每个人的经历都是不一样的。

这就导致了，当"老手"碰到"新手"的时候，就会出现开头案例中的情况了。

一个人觉得是在谈恋爱，可是另一个人只是觉得在暧昧。一个人对关系的判断会决定其行为。

女生觉得，我们都牵手、拥抱了，就算是情侣关系了，所以开始行使女朋友的权利。

而男生则觉得，我们才牵手、拥抱而已，不算什么吧，就会发出质疑：为什么她总是让我为她做事啊？

在这里面，正是因为两个人对关系理解的不统一，导致了误会性的伤害。一个人觉得无足轻重，另一个人却越陷越深。

你很难说是谁对或者谁错了，因为每个人都有自己的标准。

但是可以明显发现的问题是，在这段关系中，缺少了一个关键环节：表白。

表白在关系中是一条临界线，区分关系的线。

张三占了一块地，而李四在张三的地旁边也占了一块地，两块地的中间有一棵树。

张三说："这棵树是我的，因为这是我的地。"

李四也说："树是我的，因为这也是我的地。"这可怎么办呢？

这个时候，就要在整块地上画出一条线，将他们的地均分开来，树划到谁的地里，那么就是谁的。

表白的意义就如同这条分界线，没画线之前，大家对于边界的理解都是不一样的，但是画了之后，就有一个共同的参考。

理解不一样，吵一辈子也无法达成共识。

表白，是给双方拿来达成共识的。就像是一种契约，确认了这个契约后，我才会安心和你开展这段亲密关系。

就跟你找工作签合同一样，没有合同的时候，你就会很没安全感，你会担心对方不给你发工资。

没有表白的关系也一样，关系容易模糊不清，你觉得是在谈恋爱，人家却觉得只是在暧昧。你就陷入了进退两难的地步了。

所以大家在和异性接触的时候，无论对方给你的感觉有多么的强烈，有多么的飘飘然，都一定不能少了表白这个环节。

另外，一定要记住的是，无论如何，发生关系这件事，一定要发生在表白之后。

这样能够实现有效筛选，即使过程慢了些，也要坚守住这个底线。

最后就是关于如何表白这件事，其实没有一个统一的形式。

最好的形式一定是让双方都觉得舒服的形式，当众表白也好，私下表白也行。

就算是线上表白，只要你们两个人都能接受，并且感觉到舒服，也是可以的。

形式不重要，重要的是通过表白，让你们双方对这段关系达成共识：我们正式开始谈恋爱了，你是知道的，我也是知道的。

为什么暧昧对象毫无征兆变冷淡了？

大家多多少少都经历过：遇到一个人，刚开始聊天感觉不错，可暧昧一阵子后，对方就突然变冷淡甚至是消失了。

很想知道为什么这样，甚至会质疑是不是自己做错了什么，但是觉得主动去问，又会显得自己太过于主动。

其实这类问题，在咨询中，我遇到过无数次。有很多人会问我为什么会突然被冷淡，也有不少人主动和我说起自己会冷淡对方的原因。

今天就从咨询的角度，和大家分析一下比较常见的原因。

第一，对你不感兴趣了。 而这里面又分为两类原因。

一种是，你什么也没有做错，只是对方遇到了一个更加优质的暧昧对象，你就被比下去了。

另一种是，通过一段时间的接触后，对方发现你的有趣程度低于预期。

有可能是因为你一开始展示得太过于完美，导致后续行为对不上你之前的完美表现。

第二，战线拉得太长了，不懂升级关系。 这个最典型的表现就是过于享受暧昧这个阶段，于是一直停留在暧昧阶段中，暧昧一两个月也不去升级关系。

正是因为不懂升级关系，会让对方觉得，这个人怎么一直在暧昧？他总是这样的吗？感觉不靠谱。

不想保持这种不明不白的暧昧关系下去，于是就单方面主动切断联系了。

第三，不懂回馈，一直处于被动暧昧阶段。 你们的确是在暧昧，但属于那种对方主动挑起暧昧，然后你单方面享受暧昧的状态。

就好比，对方喂你吃饭，你才会张嘴；对方不喂的话，你绝对不会张嘴。这样就会让对方感觉，你不太想吃这个饭，不然你应该会主动张嘴才对。

久而久之，因为缺少正向反馈，暧昧这件事的动力就变得越来越少了。

第四，停留在暧昧阶段太久了，超过了大脑对暧昧这种刺激的耐受时间。

就像去泡温泉一样，刚开始把脚放进温泉水时，你会觉得，哎呀，烫死了。

但是适应了一阵子后，你整个身体都可以泡进温泉中，这个温度已经不再让你觉得烫了。

最典型的表现就是，刚刚认识的时候，随便聊点儿什么都感觉很刺激，心怦怦跳；暧昧了一两个月后发现，再有趣的话题，也好像变得无聊了。

第五，双方对于暧昧的理解不一样。对方陪你聊了一阵子的天，你感觉谈了段恋爱，实际上对方只是觉得随随便便聊天而已。

我遇到过一位来访者，没啥恋爱经验，在他看来，对方如果愿意和自己天天聊天，即使聊废话，也是暧昧的表现。于是持续聊了两周后，就忍不住表白了。

但是对方不这么认为，只是觉得聊得来，单纯喜欢聊天而已。

第六，故意吊你胃口。对方可能在网上学习了一些套路，然后把你当成实验对象进行测试。

这算是一种试探的行为，故意突然变冷淡，然后观察你的反应，如果你表现出患得患失、情绪化，对方就达成了试探的目的，知道了你还是比较在乎他（她）的。

第七，和你暧昧互动的欲望已经得到满足了，不再需要你。对方将你当成工具人，当成情绪垃圾桶。

在自己空虚无聊、寂寞缺爱的时候，刚好遇到了你，于是你就成了满足对方私欲的工具。当私欲得到了满足后，对方就把你无情地丢掉了。

第八，逼你表白，这个跟第二种情况比较接近。对缺乏安全感的人而言，其实是不享受暧昧这种不确定性的关系的，所以就想尽快结束暧昧阶段，获得一个明确的关系。

于是对方就通过直接粗暴的方式，逼你表白。通过逼你表白后，对方至少可以获得一个确定性的关系，或恋爱，或路人。

遇到这些情况的时候该怎么办？

当你渴望知道这个问题的答案时，你的情绪欲望是高于理智的，这个时候任何方式的提问，都很容易将关系往恶化的方向去发展，比如撕破脸、拉黑等等。

我的建议是，给自己一段时间去冷却情绪，同时也是给对方一个机会。在冷却情绪这个时间段内，不要做出任何跟对方有关的决定和行为，比如发朋友圈、发"小作文"等等。

至少等自己冷静下来了，再做决定。不过这里也有一个悖论，就是情绪冷却了之后，你可能也不在乎了。

感情中，怎样才算势均力敌？

众所周知，好的感情往往都是势均力敌。

但是怎么样才算是势均力敌呢？我对此的定义是：你们两个人在认知、思维、期望上是同频的，从而能够达到深度读懂对方潜台词的状态。

你抛出去的梗，对方能够接得住，是因为对方的思维模式和你相似。

他的观点能够让你体会到遇知音的感觉，是因为对方对待事物的认知和你接近。

你每一次诉苦都能得到对方的及时反馈，是因为对方和你持有相当的期望，知道你诉苦背后想要获得什么样的反馈。

面对关于出轨的新闻，你眼里看到的是，人性如此，不要抵抗人性；对方眼里看到的是，呸，一点儿都不尊重爱情，"小三"最恶心。你觉得对方格局小，恋爱脑；对方觉得你假清高，啥事都要上升到人性。这就是对事物认知不一致所带来的差异。

夏虫不可语冰，夏天的虫子是活不到冬天的，它一辈子都没有体验过什么叫"冰冷"，所以你跟它解释冬天是什么没有意义。这是认知不同频。

面对不回微信这件事情，你的思维逻辑是：不回微信可能是在忙。对方的思维逻辑是：因为不回微信，所以就是不爱。

这会导致一个人在歇斯底里寻求反馈，另一个人在时刻忍耐对方的无理取闹。不回微信这个事实是客观存在的，但至于其中的因果关系，完全看你们各自主观的思维模式。这是思维方式不同频。

面对感情走势，你期望的是，两个人奔着结婚去发展；对方期望的是，活在当下，过好当下的每一刻。

一个人注重结果，另一个人注重过程，双方的重心都不一致。侧重点不一致，就会导致行为不一致。

举个例子，在花钱这个事情上，注重结果的人，必然是侧重于去存钱，好应对将来的不确定性；而注重过程的人，则认为需要把钱花在当下，让自己开心，觉得钱花了才是自己的。这是期望不同频。

大家所追求的势均力敌的爱情，无非就是想找到一个在认知、思维方式和期望上都比较同频的人。虽然颜值这个因素也占有很大的比例，但颜值仅仅是块敲门砖，就像学历一样，高学历的人必然会比其他人有更多的选择，仅此而已。

回过头来继续说，难道双方不同频，就真的没办法了吗？势均力敌的感觉，是可以被制造出来的。因为认知、思维方式、期望，是可以后天改变的。也是说，只要你掌握了一定的办法，就可以人为地制造出这种势均力敌的感觉。

这里有一个办法可以分享给大家：

1. 拿出两张白纸和一支笔。
2. 在两张白纸上，分别写上"时间、金钱、爱人"（关键词可以自行调整）。
3. 然后你们彼此隔开，分别在白纸上写下对以上三个关键词的看法和原因。
4. 写完之后，坐在一起，轮流公布说明自己的答案，最后一起讨论。

这个小游戏可以让你很直观地感受到对方的认知、思维方式和期望。在沟通过程中，你们彼此也在交流，互换信息。

这本身就是一个磨合的过程，当你能够熟练运用上面这个小游戏之后，在日常的谈话中，你就可以无缝接入这个小游戏。

但这里有个前提是，你得懂一些正向的交流模式，不然白搭。

谈话间,你就能够知道对方的认知、思维方式和期望了。接下来就是去交换你的信息给对方。一来一回的,当你们交流得越充分,势均力敌的感受就会越明显。

最后,在这个交流的过程中,你们就像两条慢慢在交织的平行线,在螺旋上升。势均力敌这个事,与其遇到,不如制造。

两个人在一起真的需要恋爱技巧吗?

我可以很明确地告诉大家:非常需要。

作为一名咨询师,我给大家分享过很多的男女相处技巧、沟通技巧。分享的过程中,帮助了很多人,但也会有一部分人很抗拒在恋爱中使用技巧。

他们认为,技巧本身意味着不真诚,意味着虚伪,都是套路。还有一部分小伙伴则是觉得,谈个恋爱都这么麻烦,还不如单着。每次听到这些言论,我就觉得既可笑又可惜。

比如真诚这个误区,真诚不代表你可以肆无忌惮地向对方宣泄你的任何情绪。性格比较直,那不叫真诚,那叫说话没有经过脑子。

举个例子,你男朋友在家打游戏,没有帮你做家务,你觉得很生气。

然后你说：“一天天就知道玩游戏，家里也不管，你找我来当保姆的是吧？”

这是情绪化表达，但凡是一个比较正常的人，听到这种话，即使表面不说，内心一定会感觉到不舒服，就很容易发生一场争吵。

如果你懂一点儿沟通的技巧，你完全可以这么说：“亲爱的，我在做家务，你却在打游戏，我感觉到不被重视，我希望你可以和我一起做完家务再玩游戏。”

这是表达情绪。相比于情绪化表达，这种表达方式更加让人容易接受。关键是不会引发吵架。

你可以表达情绪，但是不能情绪化地表达。真正的真诚是敢于去表达自己的真实想法。最可怕的是，你错把情绪化表达当成了真性情，然后不屑于用所谓的沟通技巧。

很明显，在这件事情中，你真正的感受是，因为你在打扫，而他在玩游戏，你觉得不公平，自己不被重视，这个才是你内心真实的感受。

你可以表达你的感受，告诉对方自己生气，因为你感到不被重视，但是你不能企图通过一些攻击性的情绪化语言，来让对方知道自己的问题，从而引起对方对你的注意。

而"你找我来当保姆"这句话，只是你的情绪上头了，顶着愤怒所说的气话，也就是攻击性的情绪化语言。

如果你不懂沟通的技巧，只顾着任由自己的情绪来随意表达，并且认为这就是真诚、真性情，然后尽情地对伴侣宣泄自己的任何情绪，那么对方总有一天会受不了。不要说换一个就好，这个世界上没有人可以长时间接受伴侣的情绪化表达。

换一个人，只是让悲剧再发生一次而已。其实套路、技巧本身是没有任何问题的，关键看用的人。

作为一名情感咨询师，在我看来，套路、技巧从来都不是为了达到某些目的的手段，而是你们感情中的润滑剂。

有效的技巧，可以让你们的感情变得更加舒服、融洽。

我一直都在强调，这个世界上是没有百分之百匹配的灵魂伴侣的。有时候你觉得不可调解的一些矛盾，完全可以通过套路、技巧来解决。

与其漫无目的地去找一个不可能存在的灵魂伴侣，还不如找一个还凑合的人，然后通过技巧让你们彼此变成对方的灵魂伴侣。

在我看来，这个方法会更加靠谱一些。

总觉得别人喜欢自己，是病吗？

我还在青春期的时候，也曾经无数次纠结过这个问题，她到底是不是喜欢我呀？

以前总会动不动就觉得，别人应该是喜欢我的。用现在的话来说，就是在公交车上不小心碰了一下手臂，就想好了孩子叫什么。

也闹出过很多笑话，比如有一个女生见到我的时候，总是会对我笑眯眯的样子，也总是在QQ空间给我留言（没错，我读书那会儿还没有微信）。

这个女生还长得挺好看的，正值青春期的我，哪顶得住这种场面呀，自然不可避免地得出了一个普通又自信的结论：她应该是喜欢我吧。

自从这个想法出现之后，她的所有行为，都被我解读成了喜欢。

比如上课的时候，突然回头，肯定是喜欢我，然后偷瞄我；比如找我借书，肯定是想增加和我接触的机会。

在我自信了三个月之后，她终于成了别人的女朋友。这对我可是一种极大的打击，她不是喜欢我的吗？怎么突然和别人在一起了？

这个是属于我青春期的故事，但是相信很多缺乏恋爱经验的小伙伴，对我以上所说的心理体验，肯定不会陌生。

包括很多找我咨询的小伙伴，都会存在这种心理，就是一旦萌发了一个对方有可能喜欢自己的念头后，后续别人的任何行为，都会轻易被解读成是喜欢自己的表现。

这个其实是自己所感知到的东西，更加接近于内心幻想的一种投射，而非客观事实。担心自己不被他人所喜欢和接纳，然后给自己制造了一个幻想。

这是无意识形成的一种自我保护机制。

当然这些都是后来我才懂得的道理，以前我不知道这一切发生的根源。第一次喜欢一个人，就遭受这样的打击，痛苦是在所难免的。

我自己当时也做了一些总结，用现在的话来说就是复盘。

我发现自己存在一个问题：注意力过多放在了个人的感受上，而忽视了对方的真实反馈是什么，一切全凭自己的主观感受来做判断。

说白了就是分不清什么是事实，什么是感受。

我挺庆幸在读书的时候，已经意识到了这个问题。虽然没有现在对事实和感受有那么清晰的判断，但是至少有了一个思考方向。

知道了原因之后，我给自己定了一个小规则，如果再遇到喜欢的人，一定要让她帮我做三件事：

1. 帮我带早餐。
2. 借作业给我抄。
3. 和我逛操场。

后来，我又遇到了一个对我笑的女生，然后，我的自信心又开始膨胀了。但是有了第一次的体验，这次我不敢幻想太多。

然后，我马上就找机会，去借她的作业来抄。让我惊喜的是，她答应我了。这让我曾经受伤的心灵，有了点儿安抚。

打铁趁热，接着我再找机会，下晚自习的时候，跟她说我第二天要扫地，让她帮我带早餐。然而这次她把我拒绝了。当时我甚至依旧还有点儿幻想：她是不是因为钱不够呢？

神奇的是，这次被拒绝，我并没有因此感觉到受挫，反而有一种莫名的得意，仿佛自己已经掌握了一种读心术一般。这或许就是掌控感给我带来的安全感吧。

虽然很幼稚，也不现实，但是这三件事，的确可以帮我更有效地分辨出来，对方是真的喜欢我，还是我自己想多了而已。至少，这在学生时代还是管用的。

后来上了大学，我发现，即使三件事都愿意为我做的女生，也有不喜欢我的。这是我第一次发现我的"读心术"好像不管用了。

我就开始分析，这些既愿意为了我去做三件事，但是又不喜欢我的女生，有什么特征。最后总结下来，普遍都有两个特点：礼貌和善良。

有些女生，家教比较严格，会特别在意别人的感受，不会轻易拒绝别人。对于给我买个早餐这种事情，属于出于礼貌的处理。

还有一些女生，内心比较柔软，看不得别人难受。于是在不忍心让我被老师骂的情况下，愿意让我抄作业，属于出于善良的处理。

到了这里，我就知道了，需要从这三件事当中，排除掉礼貌和善良两种情况的影响。只要排除掉这两个，那么我对于别人是否喜欢我这件事，把握程度就更高了。

这样至少比单纯依靠感觉来判断要精准很多。

当然大家也要辩证地去看待这个分享，毕竟只是一个男孩在十几岁时所做的个人推断。

不过随着经验的增加，我发现了一个更加深刻的问题：

判断对方是否喜欢你这件事，其实并不难，每个人都会发展出自己的判断依据。真正难的是你愿不愿意去接受这个事实。

其实，这才是异性最享受的暧昧状态

暧昧，可以说是亲密关系阶段中最美好的一个阶段。这个阶段一切都处于"我知道我们会在一起，但是不知道什么时候会在一起"的状态当中。

但讽刺的是，暧昧阶段的"死亡率"也是最高的。往往越是临门一脚的关头，越容易出问题。

根据我以往的咨询案例，无非就是两类情况。

第一，不懂升级关系，让关系一直处于暧昧阶段。总觉得还不是时候，还要再等等。然后你一直拖下去，拖到对方的精力消耗没了，拖到对方认为你就是一个喜欢暧昧的人。

第二，沉不住气，太急了。刚有点儿暧昧的苗头，就渴望确定关系。各种明示或者暗示对方，最大的"雷区"就是直接去问对方："我们是什么关系？"这是禁忌，因为你问了，就表明了你更加需要对方。

如果以上两种情况，你中了一种，甚至两种，那么接下来的内容，你一定要认真看。

有位读者曾经找我聊过，说在聚会上认识了一个男生，觉得第一感觉很不错，已经加了微信，有一搭没一搭地聊了一个星期。

我问她:"这一个星期你们都在聊什么?"

她说:"基本都是生活上的细节,以及一些兴趣爱好之类的。"

我接着问:"他是不是回复字数越来越简短,回复速度也越来越慢了,甚至不回复了?"

她说:"对,没错。这就是我苦恼的、想要咨询你的地方,我要怎么办好呢?"

其实这个女生犯的错就是一直不升级关系,聊了一个星期了,还处于普通朋友阶段。

这个时候男生接收到的信号就是,这个女生想和我做朋友,所以他就保持在朋友关系的状态了。

有的女生会疑惑,不应该是由男生来升级关系吗?为什么是女生来做这件事?这个其实就是男生的狩猎本质问题。

他需要觉察到这个猎物可以下手,才会出手,贸贸然出手的话,容易扑个空。同样地,他需要接收到女生的信号,才会去升级关系。

扯远了,回过头来,我当时是这么教这个女生做的。只说思路,因为具体操作细节太多,我就不展开叙述了。

我分别教她做出了以下的改变。

第一阶段:表达关心。这种关心要比普通朋友近一些,但是会比情侣远一点儿。这是一个比较好的度。

比如知道他胃不好,你可以说:"知道你胃一直不太好,刚从香港回来,给你带了一种不错的胃药,我拿给你。"

另外,最重要的是,雪中送炭远比锦上添花要好。平白无故的关心肯定不如加班时送过来的夜宵要有效。

第二阶段：想起。 这个目的是让对方感受到，你心中一直有他。具体的做法就是，你路过一个景点，吃到一样美食，看到一部好看的电影，甚至是看到秋天的落叶，都可以拍下来，发给他。然后配文：想起了你。

至于为什么想起，你自己编一些理由。不用担心对方觉得假，暧昧阶段的男生，你说地球要毁灭了他都信。但是要注意别过于频繁，不然显得太文艺了。

第三个阶段：特别。 每个男生都会幻想自己是齐天大圣，而这个阶段的特别，就是为了让对方体验到做齐天大圣的感觉。各种明示或暗示，告诉他，你能够发现他的特别之处。比如，你可以说，你真的很有趣，竟然会喜欢养鱼，同龄人里面，要么打游戏，要么乱撩妹。

第四个阶段：唯一性。 这个阶段的目的就是让他感受到他对你而言是特别的，是唯一的。有一些直男为什么会有处女情结（提到不代表作者赞同），追求的无非就是唯一性。

比如，你可以告诉对方，我是第一次和男生去游乐园，你是第一个让我觉得男生也可以很细腻的人，等等。

基本以上四个阶段都做完了之后，就算是完成暧昧阶段基本要做的事情了。

正常到了这个阶段，男生都会主动表白的。

然而奇怪的是，我的读者这个暧昧对象依然无动于衷。

我的读者甚至差点儿绷不住去问他："我们到底是什么关系？"前面说过，这句话是大忌，绝对不能说。

然后，我教了她一招以退为进的办法。

我让她晚上约男生出来，找一个昏暗的地方，然后编辑了一段话给她，让她对着男生说。

消息发完了之后，我当时等到了晚上十一点，她也没有回复我。我就知道，应该是成了。

果然到了第二天早上，她发消息给我说："老师，我们在一起了，昨晚他跟我表白了。你那段话太有效了。"

相信大家肯定会对这段话很好奇，放心，我不会卖关子的，现在这段话就分享给大家：

> 我很不喜欢你，自从认识了你之后，我整个人的状态就不对劲，我本来是一个大大咧咧、有话直说的人，但是面对你的时候，我总是吞吞吐吐、小心翼翼的。我最近做什么事情都是魂不守舍的状态，尤其是你忙的时候，我更不好了。我觉得这样子不好，太影响我的状态，我们先不要做朋友了，等我能够真正将你当成普通朋友的时候，我们再重新做回朋友好不好？

如何判断对方是真心还是假意？

很多失恋的女生，都会跟我说一句话，或者表达过类似的

内容:"他曾经说爱我的,为什么现在要和我分开?"

我不知道为什么很多小伙伴判断对方是否爱自己的依据是,对方是否说了"我爱你"。

这里也指出了一个常见,但是普遍不懂得区分的问题:对方是真心想和我在一起,还是只想玩玩而已?

网上有一个比较经典的说法是,判断一个人爱不爱你,不要看一个人说了什么,而要看一个人做了什么。

但是我觉得,看一个人做了什么还不够。

真正要判断对方是真心还是假意,得看对方愿意为此付出多大的成本。

这里的成本包括时间成本、精力成本、情感成本、金钱成本。

举个例子,有个小伙伴找到我来咨询,说要挽回对方。在我深入做了咨询之后发现,他们只是沟通模式出了问题。

修正了沟通模式之后,双方就能消除隔阂。我把修正的办法教给了她。

一周后,她对我说,没效果。我就问她要了一下聊天截图,发现她的沟通模式完全没有变化,还是充满了攻击性。

而她给我的理由是好麻烦,不想说话那么别扭,感觉不是真正的自己。

这里我们可以看得出,这个女生愿意为这段感情付出的成本是不多的。比如说,"好麻烦"就说明她不愿意花时间和精力去改变自己,"感觉别扭"则说明她不愿意放下自己的面子。

从这里可以发现,她的实际目的也并不是想要去挽回她的前男友，而是想挽回快乐的情绪，因为分手给她带来了不好的情绪。所以，她只是自己不甘心而已。

换到亲密关系当中，也是一样。简单说一句"我爱你""我养你"的成本，是很小的。"打嘴炮"又不用负责任。

一个人口口声声说爱你，但是连发张合照到朋友圈都不愿意，这说明了什么？他不愿意为了你，放弃和其他女生接触的机会成本。

有人会说，工作原因，不方便在朋友圈秀恩爱，或者说就是不习惯发朋友圈，这个没问题。我教你们一个办法。

我们的目的是告诉其他人，这个人已经有主儿了，而发朋友圈只是一个途径而已。既然对方说不方便发朋友圈，我们还有微信头像、朋友圈背景、微信个性签名可以秀。这些地方本身是很隐私的地方了，并不是主动公开的内容，但是又能起到宣告主权的效果。

如果这个时候，对方用一些无理取闹的理由拒绝你，则说明对方并不愿意为了你放弃其他的机会成本。这至少也说明了你在他的心中，还不算特别满意。

"我给你点外卖吃"的成本必然不如"我带你去吃饭"，"我带你去吃饭"的成本必然不如"我给你做饭"。

成本固然可以作为判断的依据，但也只是依据而已，并不是决定项。千万不要陷入一个"不愿意付出成本就是不爱你"的误区中。

因为有时候你认为的成本，只是别人的小事。最终还是要去深入了解，感情中没有"开挂"可言，还是要脚踏实地，具体情况具体分析。

如何判断一个人是否喜欢你？

人生三大错觉：手机振动、我能反杀、他（她）喜欢我。

每位小伙伴都逃不掉的一个困惑就是：对方究竟喜不喜欢我呢？有时候他（她）很热情，有时候他（她）又很冷淡。到底有没有一个可衡量的标准来判断对方是否喜欢自己呢？

有的，那就是：对方对你客观投入越多，喜欢的可能性就越大。

怎么理解呢？一个人如果喜欢你，那肯定想要得到你，占有你。就像我喜欢一件衣服，我就会想买下来，穿在身上。

那想要又得不到的时候，会怎么做呢？付出成本去交换。比较直接一点儿的是，金钱成本。

举个例子，当你在商场里看到一个包包，非常喜欢，想要得到它，这个时候你会怎么做？你会花钱去购买。

你看到一双鞋子，觉得还不错，谈不上多喜欢，只是有点儿好感，那就先候着。潜台词就是，这双鞋还不值得我付出金钱去获得它。

所以先等等看，要么等降价，要么等逛了一圈后，发现没有比这个鞋子性价比更高的了，再买。换到感情中，也是一个道理，"备胎"呢，就是这么来的。

在一段关系里面，当你分不清对方是喜欢你，还是想备着你的时候，你可以去观察对方的投入程度。一般投入得越多，代表对方越认可这段关系，越不会把你当成"备胎"。

如果一开始你就不喜欢对方，从主观意识上，你必然是不愿意花任何的成本去维护这段关系的。这里的成本包括了时间、金钱、经历、社交资源。

当然，这里不排除一些别有用意的人，通过影响你的潜意识，让你持续投入，沉没成本越来越大的时候，你就越难抽离了。

这里再列一些大家容易产生误判的点。

第一点，对方付出的成本，在对方眼里，是否是稀缺资源。

很多女生会犯的一个错误，就是特别容易喜欢上一个总是找你聊天的男生，觉得对方愿意花时间陪你。

这里你要考虑的是，时间对这个男生来说，是否是稀缺的。比如一个大学生，他的时间必然会相对充裕一些，那么他花时间来找你聊天，那不算是付出时间成本，只能算是找你消遣，花点儿时间找乐子。

又比如你遇到一个男人，很愿意为你花钱，动不动就送成千上万元的礼物，这里你要考虑的是，一个很有钱的人，花钱就算不上是付出了，有可能他在你身上花了一万多，转身就给小主播送了几十个"火箭"。

不过这种行为，也能称为喜欢，只是还没到值得对方牺牲自己稀缺的资源来交换的程度。这更像是我饿了，随手在路边买了个包子一样，解决一下我当下的需求。

这里你要区分一下，赚一万元为你花五千元和赚十万元为你花一万元是两码事。前者花费占比更高，重视程度更大。虽然后者体验更好，但你是属于一次性消费，等于我花钱买断你这一次给我的快乐。

花几元钱买的包子，我吃不下扔掉也不心疼，但是花几十万元买的车，那就得好好保养了。

第二点，很多人会犯的一个错误是，对方的投入不是自己想要的，那就是不喜欢。这个不是不喜欢，只是你没有明确告诉对方你的需求而已。

不能单纯地因为对方的投入不是自己想要的，就定义为不喜欢。除非你已经非常明确地表示了自己想要的是什么，你也确定对方能够接收到你放出的信息。

这个时候，对方依然没有满足你，那么你就需要去考虑第一点了。

最后送一句话给大家：一个正在烤火的人，是不会问温暖为何物的。

如何看一个人是否忠诚？

接咨询久了之后我发现，很多人喜欢用对方是否爱自己这一参考标准，来判断一个人的忠诚度，这并不靠谱。

比如我听得最多的剧本是，一个婚内遭遇出轨的人，带着满脸惊讶来问我，明明能感受到老公非常爱自己，为什么他还是去找其他人呢？

说个可能会颠覆认知的观点，在有的人身上，爱你和出轨是可以共存的。两者在这类人身上并不冲突，爱你是真的，出轨也是真的。如果你想判断一个人在感情中的忠诚度，不能只看爱不爱，还得看以下三个点。

第一点，看这个人的自律程度和秩序感。

自律程度是看这个人管理欲望的能力，往往忠诚度低的人，自我欲望都没管理好。只要有一丁点儿获得刺激感的机会，就马上伸手去拿，不管后果。

具体可以参考这个人平时的作息，起床时间和睡觉时间是否能够做到长期保持一致性，但不需要真的每天都保持绝对一致，因为偶尔失眠想玩手机很正常，但整体上要保持在一个大概的规律上。

什么叫秩序感呢？秩序感就是看一个人的规律程度。举个例子，比如我每天早上吃完早餐后就一定会去写文章，无论当天有多么重要的事情，吃完早餐后的第一件事肯定是写文章。

说白了就是固定时间干固定的事情，你会发现有秩序感的人，生活中感觉很松弛，不急躁，因为生活中大部分时间里的事情都是可控可预知的。

有秩序感的人是能够遵守规则的，不是那种混乱的人，也更能遵守关系中的规则。

第二点，看对方身边的同性。

同性包括身边的亲属、朋友、同学等等。首先要看身边人的忠诚度，比如，亲属是否有过出轨经历；朋友、同学是否对出轨不以为耻，反以为荣；是否有的朋友是不正规娱乐场所的常客。

其次要看对方对于身边这些人是什么态度，是保持表面乐呵呵关系，还是依然保持深度认可关系呢？如果有一些忠诚度很低又深度认可的朋友，那么你需要注意了。

看身边人的目的是看这个人背后的价值观体系。对价值观影响很大的一个因素是环境，而在环境因素中占比最大的又是关系因素。关系因素说白了就是人与人之间的影响。

如果刚好是一个秩序感很弱的人，进入一个价值观统一的社交圈子中，被洗脑的概率是很大的，哪怕最初这个人的道德底线很高。

举个例子，我读大学时，隔壁舍友中，有一个戴着眼镜、瘦瘦弱弱的小伙子，看他说话、举止很明显就是那种高中时期认真读书的乖乖小孩，后来了解到他的父母是他们当地的老师。

可不巧的是，他的宿舍中除了他，其他都是会抽烟、社会感很强的人，也不是说混社会的那种，就是大多数家庭都是做生意的，所以社交直觉都很敏锐，也放得开。

就这么一个学期的时间，那位乖乖小孩风格的男生，已经被同化成也是经常叼着烟、满嘴跑火车的人了。这就是环境对人影响的可怕之处，要么潜移默化被同化，要么确实不合拍就被孤立隔离。

第三点，看这个人的道德底线，这个人干了不忠诚的事情后，会不会看不起自己，会不会认为周围的人也因此看不起自己。

比如我自己，我陪女朋友逛街的时候，看到好看的女生，在生理上我肯定也会心动的，但心动归心动，我不会真的去行动。

一方面，我接受的家庭教育中，让我对于自己的不忠诚行为是有羞耻感的。另一方面，我可以感知到，如果我做了不忠诚的行为，对我的女朋友会带来什么样的伤害。

此外，我也可以预估到，我要真干了不忠诚的事，我身边的人都会看不起我。

在以前的工作环境中，我能接触到很多女生，我有机会，也有能力去干不忠诚的事情。如果没有这层道德底线限制我，或者我自己压根儿也不在意这层道德底线，那我也很难保证我会抵得住诱惑。

当然，还有我自己的额外因素就是：我的职业让我见识过很多出轨的故事，无一例外都是以悲剧收场，我比别人更懂这件事的风险。

这也侧面反映出一个问题，只要人有机会，并且觉得这件事风险很低，就大概率会去冒这个险。所以真不要去挑战人性，还不如找个更有人性的人。

最后总结下，这可能对某些理想主义的人来说，是挺悲哀的，毕竟忠诚和爱不爱关系不大。但如果你确确实实非常在意忠诚度的问题，那么参考以上三点，会比参考爱不爱你要靠谱很多。

如何让对方主动追你？

当你遇到一个心仪的对象时，一定要学会释放信号。

我发现很多小伙伴在还没确定关系的暧昧阶段时，总是很急，不懂得去推进关系。发现对方主动一点点的时候，自己反而后退了，觉得要矜持一点儿。但是当对方后退的时候，自己又开始胡思乱想。很多时候，两个人明明是两情相悦，偏偏因为不会升级关系，反而错过了。

一个情感"老司机"，无论在追还是被追的状态下，都会掌握整段关系的主动权。因为他在暧昧博弈的阶段中，懂得去试探。这是一种被动式主动的技巧，会让对方觉得，好像是自己在主动，但其实是你在引导。

比如你在奶茶店遇到一个男生，你对他挺有好感，但是你又不想主动去搭讪，这个时候，就得去试探了。

你可以故意坐在他对面，然后时不时地偷瞄他。并且偷瞄的时候，一定要让他知道。当他看着你的时候，你就羞涩地一笑，然后低头，左手开始摆弄你的头发，右手拿起奶茶吸一口。这一切的动作，都是为了向对面那个男生释放一个信号：我觉得你很帅。

一般情况下，只要对方是一个正常有自信的男生，你什么也不用做，就这么坐着，他自然而然就会上来跟你搭话。接下来，你们再交换联系方式，就有故事了。

如果他没有主动过来找你，要么是他不够自信，不好意思过来，要么是他对你没有兴趣。那么我们这个试探的过程就完成了。假如他是因为对你没有兴趣而不来找你，你也不亏，因为你什么事情都没有做，只是坐在那里喝奶茶而已。这就是被动式主动。

除了奶茶店，你还可以到地铁站、公交站、电梯等场景去运用。

上面是认识阶段的试探，当你们有了微信之后，就会开始聊天了。这个过程，也需要去试探。

首先，加了微信之后，不用去在意是谁先说话。你可以主动去发起对话，话题类型偏家常，聊工作、聊爱好等等。这个时候，你要注意的，并不是要聊什么，也不是这一次聊天聊得好不好，而是要去观察对方的情绪。

当你聊这些话题的时候，对方的情绪是正向的还是负向的？比如回复很快，字数很多，用词很激昂，这种就是正向。如果对方回复很慢，总是回"嗯嗯""哦哦"之类的敷衍词，这种就是负向。如果是负向，则说明了现在你们不适合聊天，不用自我怀疑是不是自己没有发挥好。

如果对方是正向，则说明了对方情绪很不错，那么你适合去升级关系。保持这种氛围聊了几天之后，你可以把聊天内容开始转移到夸奖对方上面去，这也是一种试探。夸他聪明、幽默、会说话等等。到了这一步，一般对方也会反过来夸你一下。一旦对方回夸你，就说明对方进入了你的节奏。

这么"商业互吹"几天后，对方基本会开始约你出来了。如果对方没有主动约，则需要咱们暗示了。比如说，××最近新开了一家餐厅，好像很棒的样子；××公园我一直都想去的呢。用这种类型的话去试探他，基本就会约你了。

如果碰上了钢铁直男，还是不懂得来约你，你就找个机会跟他说："跟闺密约了去吃饭，位置都订好了，她临时放我鸽子，可是我又特别想去，一时又找不到人陪我，我自己一个人去觉得好尴尬，怎么办呀？"这个时候，对方基本就会进套了。

最后再讲一下约会之后，怎么去试探。约会过程中的试探，核心点在于肢体触碰。但是我们又不能自己先主动去触碰，对吧。怎么办呢？

关键点：找点儿事情让他干。比如，你让他帮你调整一下耳钉的位置，这样他就会触摸到你的耳朵。又比如，你站着的时候，单脚抬起来，然后用左手去调整你的高跟鞋，这个时候你会处于一个摇晃不定的状态。他看到了你的样子，一定会过来扶着你，或者牵着你的右手。

你会发现，从吸引，到微信聊天，到约会，再到肢体接触，整个过程中，你没有做出任何主动的行为。所有主动的行为，都是对方在做。但是呢，一切又都是我们所主导的。这就是被动式主动。到最后，言语暧昧，肢体暧昧，表白引导，等等，这些行为，都是由对方来完成的。

而我们只需要等着，看着对方一步一步朝着我们希望的方向走。最后，对方还会觉得特别有成就感，因为整个过程中的每一步，他都收获了正向的反馈。他会觉得，是自己一步一步地追到了你。

这种才是正确的追求手段。被动式主动，整个过程我们只需要不断去试探，如果收到了正向反馈，我们就前进，如果收到了负向反馈，我们就后退，等待时机，再试探。直至最后，前进到了终点。

相比"顺其自然"，这种方式会更加高效，而且整个暧昧博弈的过程，也更加有趣。

如何通过暴露小缺点，让对方更爱你？

我发现，很多人在暧昧期的时候，第一反应是会下意识地表现自己最好的一面。为了吸引对方，甚至会装出自己并不真实的一面。

其实这是由于在潜意识中，不够认可真实的自己。好像大脑里总有一个声音在告诉你：你一定要装，不然对方就不会喜欢你了。

我在读书的时候，就经历过这个阶段。遇到一个有好感的女孩，就拼命地去展示自己，表现自己。但是问题在于，这个"自己"并不是我最真实的一面，而是装出来的。

比如有个女孩很喜欢音乐，我就故意去了解很多音乐方面的知识，然后尝试和她交流，建立好感。

但是这会导致我很别扭,因为我根本不懂音乐,我只是查了一些资料,也不是真正的喜欢,所以我没办法让她产生共鸣。她会觉得我莫名其妙。

另外,如果一开始就表现了最好的一面,还会产生一个致命的问题,就是期望过高。期望在亲密关系中,可是一个大杀器。大部分的情感问题,都是因为期望管理出了问题。

比如在刚进入暧昧期的时候,被多巴胺冲昏了头脑,会做出一些自己平常不会做的事情。比如,洗澡的时候,也要带着手机进入厕所,来信息了擦干手立马回复;比如自己明明已经很困了,非要硬撑着陪对方聊天。

现实情况是,等你们恋爱新鲜期一过去了,你就不愿意硬撑着陪对方熬夜聊天了。但是对方对你的期望是,他会陪我聊到很晚。

期望与现实出现落差,心理落差也随之发酵。等到某一天,可能对方就会开始思考那个世纪大难题:他是不是不爱我了。

而一开始就暴露小缺点的好处在于,对方不会对你抱有太高的期望。

有的人会担心,这样会不会让自己失去了吸引力。其实,只要对方愿意和你开始一段感情,必然是被你所吸引的,并不会因为你的一些无关紧要的小缺点而和你分手。

比如,你不喜欢做家务,并不会阻碍对方被你吸引。如果对方真的因为你不喜欢做家务而分手,那也挺好,从某种角度来说,也算是一种解脱,对大家都好。

回到前面说的小缺点，比如，你刚跟一个男生确定了关系，然后第一次约会的时候，你可以告诉对方："我比较笨，不会把控时间，容易迟到，你多多体谅哈。"这个时候，对方的潜意识里面就会觉得，你可能会迟到。

这个打预防针的策略很重要，因为当你真的迟到了，他的心理预设本来就是觉得你会迟到，所以并不会有什么怨言；如果你某一天早到了，他反而会很惊喜。

如果你一开始为了迎合对方，展示最好的一面，告诉对方，自己很喜欢看书、健身（这里请注意，对方并不会因为你喜欢看书、健身而更爱你），对方对你的心理预设就是，你是一个爱学习、自律的人。

随着时间的推移，你渐渐表现出你最真实的一面，爱玩游戏，爱喝奶茶，不喜欢运动。这个时候对方就会觉得你表里不一，跟之前想象中的你，不太一样。从长期来说，这反而会导致对方对你好感下降。

其实我并不是让大家多多暴露自己的缺点，有的缺点，真的不适合暴露。我真正希望的是，大家能够有信心去做一个真实的人。因为真实的人，是有缺点和优点的，提前暴露你的缺点，降低对方的预期，再去展示自己的优点，这样才会让对方越来越爱你。

异性送贵重礼物，到底要不要收？

我曾经看到一则新闻，说一个无业女生，假扮成空姐，然后用假身份引导男生给她送贵重礼物，还在三亚给她买房，买了一辆保时捷。

最后事情败露，被警察上门带走了。被审问的时候，她还说了一句："都是男朋友送的，有什么问题吗？"

这就是我下面想要聊的话题，异性送的贵重礼物，到底要不要收？

送礼在一段亲密关系中，本来是件挺美好的事情，既可以表达自己的好感，又可以试探对方对你的态度。

可当送的礼物变得贵重时，意思就不一样了。一旦收下了贵重礼物后，在关系中，你很容易就亏欠了对方。连带着一些行为都会变味了，比如你收了对方的贵重礼物，然后确定了关系。那么你到底是因为礼物而确定关系，还是因为这个人而确定关系，就很难说得清了。

有些小伙伴会觉得，对方送了贵重礼物，才能显得他有诚意，我特别能理解。但是你要的是诚意，而不是贵重礼物，贵重礼物只是表达诚意的方式。事后你完全可以回一个差不多价值的礼物给对方的。

我和女朋友过的第一个情人节，那时候我们刚在一起没多久。我想着第一个情人节，得有点儿仪式感，于是送了一条一千五百元左右的项链给她。

她看到礼物后并没有拒收，她知道我是在表达诚意，也愿意接受我的诚意，于是收了我的礼物。

之后，她找了一个日子，回送了一副苹果的 AirPods 耳机给我，价值上和我送的项链是差不多的。当时我就觉得，这个女孩真的特别懂事。

中国有一句古话，无功不受禄。吃人家嘴短，拿人家手软。不受无功之禄，这不是清高，而是节操。

在关系的暧昧期，或者关系刚开始的阶段，你们两个人的感情基础还很薄弱，尽量不要收贵重礼物，如果收，请一定要回礼。

因为你一旦收了贵重礼物，对方会默认你接受了他的付出。如果是贵重的付出，那么最终是会索取回报的，不可能白白付出这么多。

之前就有小伙伴问我，为什么有的男生这么搞笑，带我去商场买了个两万元的包包，就想拉我去开房了。

在有的人眼里，你收了我的礼物，就等于默认允许我们去做一些事。不然，你收礼物干吗？

虽然这个脑回路很可笑，但这的确有一定是普适性。

有的人愿意给异性花那么多钱，本质上是一种投资的行为。

什么是投资？就是将货币转化成资产的过程。比如有钱了，就想着去买房子。钱是货币，房子是资产。或者花钱去读书、学习，这也是一种投资。钱、时间是货币，认知、知识是精神资产。

同理，花钱到异性身上，也是一种投资。有投资，就会期望回报。就像你买股票，肯定是因为你觉得这个股票能够让你赚点儿钱，你才会买的。

投资越多，期望就越大。这也就是我说的，给你送的礼物越贵重，反而越不能收。贵重礼物背后都承载着超高的期望。

小时候经常会有很多叔叔阿姨来我家做客。每次来的时候，都带着很多看起来很有质感的玩具，还有曲奇饼干，都是我喜欢的。

在我小时候那个物质匮乏的年代，这些东西都是很少见的。可是我爸统统都拒绝了，因为他当时是公职人员，不能随便收别人的东西。

那些叔叔阿姨是带着"通融一下"的期望来取悦我们家的，一旦收了，位置就很尴尬了，你不通融，说不过去，东西都收了。通融吧，又不符合规矩。

可我不懂这规矩呀，就跟我妈撒娇，说想要玩具，不给我玩我就哭。

然后我妈就教育我："不要随便收别人贵重的东西，天上没有那么多馅儿饼丢到你的身上。礼物越贵重，你欠别人的就越多。喜欢的东西，想要的东西，就靠自己的努力去获得。"

以至于到了现在，只要遇到别人对我表示出超出当前关系的示好，我第一反应都在想，这个人图我什么？

比如工作上有个同事，突然有段时间既给我送零食，又给我带饮料，我就会想，是不是我的业务也和他有什么利益挂钩，不然干吗这么殷勤？

甚至在朋友遇到这种情况时，我也有这种"无事献殷勤，非奸即盗"的想法。

我有个朋友，她有一个追了她三年的大学同学。追她的期间，那个男生拒绝了所有跟其他女生发展关系的可能性。甚至毕业后，为了她主动去她所在的城市发展。她就觉得这个人很有耐心，愿意为自己付出。

她问我："我要不要答应和他在一起试试看？"

对于这种情况，我也不太好说什么，我就提醒她注意一个风险：

愿意坚持三年持续不断地追求一个人，支撑他坚持下去的动机，已经不是单纯的喜欢了。

仅仅靠喜欢是很难持续这么久的，而且付出了这么多，更多的是一种投入过多后期望回报的驱动力，一旦真的在一起了之后，这三年的付出，是要得到相应回报的。

在这样的前提下，再开启一段感情，就不健康了。

谈及这个话题的目的，是希望大家能够警惕来自生活中超出当前关系的好意。因为有的人会将这些好意或贵重礼物包装成所谓的"我爱你"。

当打着"我爱你"的旗号时，他们就可以光明正大、理直气壮地去索取和占有了。

为什么有的人只暧昧不恋爱？

你有没有暧昧过，但最后并没有在一起的人？有的小伙伴可能觉得，这是遇到了"玩家"。其实除了遇到"玩家"这个可能性以外，还有三个原因。

第一，暧昧关系不用负责任。暧昧既能体验亲密关系的甜，又不用吃爱情的苦。暧昧期和恋爱之间，最大的区别就是排他性。

暧昧期并不具备排他性，可以跟多个人暧昧。但恋爱则具有排他性，虽然也存在跟多个人恋爱的情况，但毕竟是少数。

而暧昧期推进不下去的关系里，除了对方不想负责任以外，还有一个问题就是，在暧昧期该做的，都做了。

比如牵手、接吻、发生关系等，还没确定关系呢，就做足了恋爱期能做的事情，对方自然就觉得，没必要进入下一个阶段，维持现状就好。

第二，没有能力进入亲密关系，于是只能停留在暧昧阶段，自己没信心，也没能力进入下一个阶段。

这里的能力指的是进入深度亲密关系的能力。比如，没法处理好进入亲密关系的恐惧感，没有跟异性进行深入交流接触的经验，没有解决过深度关系带来的复杂问题。

一般缺少这种能力的人，常常是因为原生家庭不好，导致自己对亲密关系缺乏信心。

又或者,在成长期间,有过不好的亲密关系经历,可能是初恋,可能是友情,等等,导致了对自己处理亲密关系的能力存在质疑。

第三,有了更刺激的暧昧对象。这就好比,我玩《王者荣耀》觉得挺好玩,挺快乐的,那么我会坚持玩一段时间;可当我腻了,我说不定又去玩"吃鸡"了。

随着暧昧时间的推移,暧昧带来的刺激感会逐步消退。如果没有进入关系的新阶段,就无法获得新的刺激感,暧昧期的关系一旦失去了刺激感这个维持手段,很快就会"崩盘"。

那么我们该如何避免只暧昧、不恋爱的尴尬境地呢?首先大家一定要避免把注意力放在控制别人身上。比如你去跟对方强调,做人要有始有终;再比如你去想各种方法留住这个人。

为什么说不要这么干呢?因为别人是无法被你控制的。我们只能筛选。

想要避免只暧昧、不恋爱的尴尬境地,就要建立一个暧昧期筛选的机制。简单来说就是,规定好在暧昧期你得做什么、不能做什么。

我可以跟你分享一个我帮我的"恋爱脑"朋友定制的暧昧期筛选机制:

第一,暧昧期绝对不能接吻、发生关系。

这是为了避免在暧昧期就把恋爱期的事情都干了,导致关系推进不下去,以及自己的心态失衡。

第二,暧昧期的时间不能超过一个月。

如果一直暧昧，但就是不推进关系，只能说明一件事，对方跟你在一起的动力还不够足。

第三，允许自己推进关系一次。

这是为了弥补第二点而设置的，比如有些人，就是性格软弱，但其实又特别喜欢对方，所以不妨你主动一次，去推进关系，看看对方的反应。

如果主动推进了，对方还是停滞不前，那也没啥好遗憾的，说明这个人比较软弱，连推进关系都需要犹豫半天的人，恋爱后和婚后面临各种抉择，只会把压力都给到你。

那么通过这样一个暧昧期筛选机制，就能过滤掉一些只暧昧、不恋爱的人，同时也能保证自己的时间最多只浪费一个月。

当然这个筛选机制并不是固定的，而要根据你自身情况而定，我所举的例子只适用于我的朋友，仅供参考。

如何让对方忍不住向你表白？

暧昧期里面的女生总有一个疑问：他怎么还不跟我表白？

而男生也总有一个疑问：我该不该向她表白？

这就造成了一个很搞笑的局面，双方都在等彼此先踏出一步，然后拖着拖着，彼此的耐心和好奇心都没了，这事就黄了。

很多女生会认为，男生不表白，就是不够喜欢，只要足够喜欢，就一定会表白。这里我要为男生们说句话了：有时候，男生不表白，是因为没有安全感。

他不知道表白了之后，会不会被拒绝，一旦被拒绝了，他就没机会了。这个可怕的想法会让男生特别没有安全感。

这个时候，他越喜欢你，反而越不敢表白，因为怕失去你。这也从侧面说明了，愿意表白的人，也不一定真的喜欢你，但是可以确定的是，他不太害怕失去你。

这其实就像你在街边看到一只可爱的流浪狗，你很喜欢它。如果它表现得很乖巧，那你就会尝试去和它玩，如果它表现得很狂躁，那么你就会和它保持距离。

那么，引导对方向你表白的核心就在于，让他知道表白成功的概率会非常大。这里比较考验女生的就是，如何不露声色地让对方知道这一点，这是一个技术活。

一个恋爱高手，往往从发现心仪对象的那一刻起，就开始布局了。这里分享一个操作思路给大家。

释放单身可撩信号

这是很多人都会遗漏的一步，因为大家都羞于表达自己的情感状态，觉得直接告诉别人自己单身是一件很丢脸的事情。

男生在接触一个女生之前，必然会弄清楚一个问题，就是对方有没有对象，是不是单身。

我和我的朋友在外面吃饭的时候，如果看到一个很好看的女生，他们往往第一反应就是，真好看，不知道有没有男朋友。

所以刚接触的时候，你可以大胆地释放这个信号。

方法有很多，比如聊天的过程中，你可以说："很羡慕甜甜的恋爱，什么时候才轮到我呢？"又或者发个朋友圈说："有没有知道怎么撩白羊座的？知道的来撩一下我，谢谢。"

一个性取向正常的男生，遇到一个单身可撩的女生，都不行动的话，那你做啥动作都于事无补了。

让他以为吃定你

这又是大家特别害怕的一件事。很多女生在聊天的过程中，会显得很高冷，又或者隐藏自己的喜欢情绪，即使真的很喜欢对方。

而做这一切的目的都是因为害怕表露出太多的好感后，会让对方觉得可以吃定你。似乎大家对于别人觉得能够吃定自己这件事，非常恐惧。

但是我的操作思路不走寻常路，我偏偏要让对方觉得已经吃定你了。

根本不用怕，有好感，就大胆表达；想聊天，就随便找他；该吃醋就吃醋，别隐藏。务必让对方认为，他已经吃定你了。

当对方以为自己吃定你的时候，他会有一种价值感，觉得自己能够给足你想要的。由此所获得的价值感，远远高于得到你所获得的价值感。这会让他觉得自己真厉害。

我和女朋友在接触初期的时候，她就是这样，该暧昧就暧昧，该吃醋就吃醋，不会故作矜持，想聊天就一直找我聊天，也不在乎谁主动这件事。

经过这么一顿操作之后，我就觉得我已经吃定她了。我内心的想法是，我真厉害，这么好看的女生都被我吸引住了。

正当我沾沾自喜的时候，才发现，我掉进她的坑里了。唯有让对方觉得吃定你了，你才能进行下一步操作。

突然让他发现他好像吃不定你

当对方还沉醉在"我真厉害"的时候，你就要让他尝尝"人间疾苦"了。你要找机会让他觉得，他又得不到你了。

方式有很多，可以通过引入竞争者的办法，告诉他："最近有个小哥哥在撩我，他说话好幽默，哈哈哈。"

又或者是一反常态的聊天模式，你也不主动聊天了，也不吃醋了，也不表达好感了，甚至还主动结束聊天。

人世间最痛苦的事情莫过于，自己唾手可得的东西，没了。这种程度的情绪，是非常烧心的。

想象一下，有人告诉你，你中了一千万元的彩票，正当你高兴的时候，他又告诉你，但是过期了，你兑换不了。这个时候，你哭不哭？

正常人遇到这种情况，一定会疯狂想办法找回曾经属于自己的东西，就像你一定会想方设法找回那"本属于"你的一千万元。

暗示有效期限

到了这一步，对方基本都是在做表白的心理准备了。这个时候，就需要我们的临门一脚了。

你得让对方知道，他的时间不多，这会给他一点儿压迫感。就像搞促销的时候，总会一直说："最后一天！最后一天！"目的就是制造压迫感，让你赶紧买了。

如何制造压迫感呢？比如临近年底了，你可以这么说："我有预感，今年春节之前，我一定会脱单的。"那么对方就知道，留给自己的时间已经不多了。

另外再补充一个小彩蛋，你可以在聊天的过程中，暗示自己喜欢的表白方式。

你可以直接说："有个男生偷偷给闺密买了条项链，对她表白了，好细心，如果是我，早就沦陷了。"听完了之后，对方就会知道，什么方式的表白，你会喜欢。

最后，当你们抱在一起时，他一辈子都想不到，这一切，从你见他的时候，就已经开始规划好了。

男女关系中的"度"该如何拿捏？

五年前，我也曾经被这个问题困扰过。我也会傻傻地跟女生开一些不合时宜的玩笑，也会做出一些不合常理的行为，然后收获一个又一个的白眼。

那时候我会去问我身边的一些"老司机"朋友，得到的答案往往都是：你的度有点儿过了。我当时很蒙圈，怎么样的度才算刚刚好？

下面我就跟大家分享一下，我是如何从一个不懂边界感的"精神小伙"，变成一个对"度"拿捏得极为到位的咨询师。

开始分享之前呢，我希望大家可以先明确一点，就是：行为的"度"该做到什么程度，取决于你和对方的关系程度。

有句老话，叫见人说人话，见鬼说鬼话。这个就是关系决定行为。

很多小伙伴都会出现对关系判定失误，然后导致行为过度的情况。

比如很多男生刚认识女生的时候，没聊几句，就开黄腔了。这就是过度了，你们只是认识的关系，连朋友都算不上。

而开黄腔属于男女朋友之间的行为，就算开放一点儿，也是暧昧阶段的行为，绝对不是刚认识的这个关系程度该做的事情。

再谈谈收礼物这个事，一个男生追你的时候，不是说对方送你什么礼物，你都可以收的。如果是刚刚追求的阶段，这个时候对方送一个价值 万多元的包包，你就不能收。

就算他再有钱，你也不能收，因为你们的关系还没到这个地步。一旦你收了，就等于说，你默认了你们的关系到了这一层了。

他送个几十块的小吊饰表达心意，你可以收，但是一万多元的包包，这就不是表达心意了，而是表达爱意。

挽回中也是一样，对方和你分手了，往往这个时候你是不死心的，你内心依然无法接受自己和对方已经成为陌生人这个事实。

潜意识里面,你还是会觉得对方是自己的男朋友,然后就会开始挽回,具体表现为:信息轰炸,电话轰炸,说讨好性语言。

做了这么多,还是得不到回应,这个时候你就会开始指责了。因为正常来说,情侣之间做到这个地步的话,对方会原谅自己的,但是对方没有,所以你就表达不满。

然后,你不断在讨好和指责之间横跳,消耗对方的耐心,最后以被拉黑为代价,终于让你意识到你们已经是陌生人这个事实,然后也慢慢回归到陌生人之间应该有的行为:不打扰。

所以说,一旦关系和行为不对等,就是对"度"的拿捏不到位了。

我们回归重点,来说说我是如何对关系中的"度"逐渐拿捏到位的。从头到尾,我都在做一件事:试探。

做这件事之前,我已经意识到关系和行为需要保持一致性了。但同时出现了一个新的问题,就是我该如何去判定我们当前属于什么关系呢?

现在的话,我只要聊上几句话,就能分辨出来了。而这种对"度"的嗅觉,则是我通过不断试探,锻炼了大半年才获得的一种能力。

当我跟一个女生刚认识的时候,我会非常正常地跟她聊天。聊到一定程度之后,我会试探性地说一些超出当前关系的话语,当然只会超一点点。

比如,当我们还处在普通朋友的阶段时,我会试探性地叫一个稍微暧昧的昵称。叫了之后呢，我就会得到一个反馈。有时候这个反馈是对方的突然冷淡，有时候这个反馈是对方也回应我一个昵称。

如果对方突然冷淡，就说明了关系还不到位，那么行为和言语就要收回一些尺度。

如果对方也及时回应我，那么我就知道了，对方愿意接受这个行为，承认关系到了暧昧这一个阶段。我就继续做类似的行为，直到对方习以为常。然后，我继续试探更进一个层次的行为。

在这大半年间，我每天坚持去做试探，男生、女生、朋友、同事、领导、陌生人等等，各种各样的关系都去试探一遍。直到我发现我不用去试探，也能感知到对方是如何定位和我的关系了。到了现在，我基本只要看一下两个人沟通的模式，就能大概判断两个人的关系程度了。

这个过程看起来简单，但是需要你有很强大的自我复盘能力和执行力，不断试探，不断收获反馈，然后根据反馈不断重新调整自己的试探行为，最后形成一个良性的循环。当这个循环变成一个习惯的时候，拿捏"度"对你而言就不是一件复杂的事情了。

蜜月期

甜蜜新鲜

不公开恋爱关系的人怎么想的？

做咨询的时候，总有人会问我："怎么知道对方是不是对自己真心的？"

一般面对这个问题，我都会问："对方带你去见家里人和朋友了吗？"

如果有进入到对方的亲友圈，那么真心的概率就会大很多。别杠啊，只是说概率大，不是绝对。

因为对方愿意带你进入其亲友圈，就相当于你获得了一个伴侣认证。

就跟你好不容易打上了《王者荣耀》一样，官方得给你一个王者认证，好让所有人都知道，你是个王者了。

那么从这里就引申出了另外一个问题：那些不愿意去公开恋爱关系的人，是怎么想的？

只要不公开，就是不真心吗？其实也不能这么简单粗暴地去判定。

我们看待那些不愿意公开恋爱关系的人，要从两个角度出发去思考。

第一，公开的程度。

关系就像树的年轮一样，在中心点的是自己，然后家人层包裹自己一圈，好友层包裹自己一圈，同事层包裹自己一圈，关系越亲密，越靠近中心点。

而这个公开的程度就好比，知道你的人，属于哪一层？最基本的公开程度至少要辐射到第一、第二层，也就是亲人和好友。

说到这个，我就想起有个姑娘特别让我心疼。跟一个男生确定关系三年了，一直不公开。理由就是：男朋友说怕同事发现，就不公开了。

当时我听到这个理由时，就知道她被忽悠了。傻呀，怕同事知道而已，那完全可以在同事层不公开，但是在家人层和好友层是可以公开的。

不发朋友圈，不代表隐瞒。比如两个人在一起一年了，感觉很合适，但是没有在朋友圈公开秀过恩爱，这不代表什么，只要两个人彼此的家人、好友都知道对方的存在，那就算是公开了。

发朋友圈是一种宣誓方式，但不是唯一方式，你没有必要非在他的朋友圈宣示主权。比如，还可以用情侣头像、朋友圈背景、个性签名等方式，让他周围的人都知道他已经不是单身了。

这些都属于很低调的方式，能点开他头像的人，研究他朋友圈背景和个性签名的人，肯定关系也不一般了。

如果介意让关系不一般的人知道你的存在，那就耐人寻味了。

第二，公开的时间线。

刚确定关系，不愿意公开的话，是合理的，因为谁也没法保证，两个人一定能够走到最后。

刚跟我女朋友确定关系时，她也表达过同样的顾虑，就是担心公开了之后，让家里人和朋友都知道了。

很多女生也有在咨询中，向我表达过这一层顾虑的，她们担心：如果最后两个人没办法走到一起的话，岂不是很丢人？

假如每次一谈恋爱就公开，到了最后结婚的人不是当初公开的人，的确就很尴尬。

如果说两个人在一起一年了，也很合拍，没有过什么不可调解的矛盾，还是不愿意公开，家里人、朋友都不知道你的存在，那就需要去沟通一下对方不愿意公开的理由是什么了。

最后帮大家总结一下：

如果你们刚刚在一起，对方不愿意公开，这是正常的。大家都有顾虑，多相处，多在一起经历一些事情就好了，不用纠结。

如果你们在一起一年以上，对方不愿意公开到朋友圈去，但是亲人和朋友都知道你的存在，也合理。如果你担心对方有"养鱼"的想法，那么你可以让对方从侧面表达出自己非单身的信息。

如果你们在一起一年以上，对方的家人、朋友都不知道你的存在，那么你就需要好好去沟通下原因了，万一对方是已婚有孩子的呢？

其实对于秀恩爱这件事，大家也没必要那么纠结。以前没有QQ和微信的时候，所谓的公开不就是跟家人、朋友说一下嘛。

只要重要的家人和朋友知道你的存在，就足够了。

如何防止在亲密关系中心态失衡？

你有没有遇到过这样的情况：

你们确定关系后，你满心欢喜发朋友圈官宣你们的关系，但你发现对方并没有跟你一样，依然对外保持着单身的讯号。

你发朋友圈的行为，可以理解为一种承诺，对外公布，就意味着"我承诺为了你放弃了其他的选择"。

但是对方没有放弃，依然保留着选择权。这时候你们的承诺是不对等的。这就是承诺不对等关系。

在关系中，承诺更多的人，属于重视方；而承诺更少的人，属于轻视方。

重视方会对关系有更高的期望，但得到的只是轻视方的敷衍回应。高期望附加低回应，会让重视方心理失衡。

轻视方本身对关系没有太多期望，但反而得到了重视方的热烈回应。低期望附加高回应，会让轻视方更加不愿意给出过多承诺，因为不给也有，何必给呢？

最典型的情况就是，你因为更重视这段关系，所以会付出更多，你主动去安排约会，主动承担更多的家务，换来的只有对方的心安理得。

最终关系处成了"一人关系",虽然是两个人的关系,但你会感觉都是自己一个人在维持关系,似乎只要你停止维系,关系就会松散崩溃了。

两者之间对于关系的态度不对等,最终会带来心态的不平衡。"我都这样了,你却只是那样",是心态不平衡的常见表达方式。

这种表达方式,也是毁灭关系的开端。因为心态的不平衡,带来的就是指责、反问、鄙视等等这些攻击性很强的交流方式。

以前有位同事,她跟一个男生在网上认识,很快就确定了关系,然后还很开心告诉我们她脱单了。但是这个确定关系的过程,只有我这位同事的单方面认可。

因为他们虽然发生了关系,但是男生既没有表白,也没有官宣。她感觉这段关系只要不联系了,很快就会结束。这段关系就是典型的承诺不对等关系。

然后她就去质问对方,还拿了聊天记录给我看。这段对话属于很典型的"心态不平衡+焦点转移"对话。

女:"我们到底是什么关系?"
男:"怎么啦,你不开心吗?"
女:"开心,可就是没啥安全感。"
男:"开心就好了呀。"
女:"……"

这个时候我这个女同事是无言以对的，她自己都开始被说服了。对呀，我明明是挺开心的，为什么还是没有安全感呢？甚至开始自我怀疑，是不是自己太玻璃心了。

我担心她再这么钻牛角尖下去，会过度反思了。

于是我就跟她说："你当然没有安全感了，你对于关系的态度是很明确的，体现在你已经明明白白公开了关系。但是他对于关系的态度是模糊的，表现在既没有跟你表白，也没有公开，甚至在你跟他确认的过程中，还转移焦点到开不开心这个层面上。你想问的根本不是开不开心，是吗？"

她恍然大悟，惊呼："对，我被绕圈子了。那我怎么办呢？"

我接着教她：

第一步，可以直接表达你的顾虑，也就是我刚刚所说的，关系态度不明确。

你可以这么说："我很确认我要开启这段关系的，我虽然开心，但是我感到没有安全感的原因是，你对于这段关系的态度很模糊，我捉摸不透，你既没有跟我表白，也没有公开我们的关系，我希望听听你的真实想法。"

千万别理解成这是逼迫对方，她只是在分享自己的真实感受和困惑，这没什么问题。

如果对方愿意保持这段关系，那么就进入第二步：

既然你已经确认要跟我在一起了，那么请跟我表白，然后公开我们的关系。

这一步是为了让彼此的承诺开始跟上彼此的亲密。如果对方不乐意这么干，那么你要审视一下自己的需求，问问自己是否真的想跟这个人尝试看看。如果你想清楚了，那么你可以尝试：

要么降低彼此的亲密度，就是既然你不愿意公开，不愿意表白，那我也不跟你那么亲密了，退回到暧昧关系里。

要么降低自己的承诺，这样可以避免你们的承诺不对等，导致你的心理不平衡。他不表白、不公开，那你也不表白、不公开。

最终我这位同事选择了降低自己的承诺，重新宣布单身，然后还是继续跟追她的男生保持接触，但也不越界。

有趣的是，当这个男生发现她没有那么热情地对待他，还似乎恢复了单身状态，也有跟其他男生互动的朋友圈时，他反而急了，开始跟她表白了。

最后总结一下，想要防止在关系中心态失衡，就要防止双方的承诺不对等。否则承诺不对等的长期相处结果，必然是心态失衡。

经常夸对象会不会让对象飘？

经常夸对象会不会让对象飘？我相信大多数人的答案是：会。其实这个问题背后涉及一个心理学知识，刚好借这个知识，我争取把这个问题讲清楚。

有一次吃饭时，女朋友跟我说："今天早上上班时，同事一直问我早餐哪里买的。"这句话就让我特别受用。

为什么呢？因为她说的早餐都是我做的，其实就是一份简简单单的鸡蛋芝士三明治。而她同事知道了早餐是我做的之后，一直夸我。然后她就回来把这件事告诉我了。

从作为男人的角度来看，我自己还是很吃正反馈这一套的。我听到她说这个后，我就只想着，明天做什么早餐继续让她的同事夸夸我呢？

正反馈可以理解为积极的互动方式。互动方式包括了语言、肢体动作、脸部微表情。

比如，"你真体贴""你真好看"等等，就属于语言的正反馈。除了这种夸赞的方式以外，还有表示认可、理解、尊重等表达方式，都属于正反馈的说话方式。

再比如，拥抱、牵手、亲吻等等，就属于肢体动作的正反馈。与之相反的负反馈肢体动作则有双手交叉抱胸、扭头、身体后撤等等。

在人与人之间的互动中，正反馈起到的作用是正强化。正强化的意思是，做了 A 事情之后，会让 B 情形变得更多更强烈，或者更频繁。

比如，我女朋友告诉我她的同事夸我做的早餐这件事，就属于正强化。我听了之后，因为渴望得到更多的夸奖，就会继续想方设法去做更好的早餐。

肯定会有一部分小伙伴担心，自己给多了正反馈，对方会不会飘了？我相信甚至有不少小伙伴遇到过这种情况。那么这种情况怎么解释呢？

它的本质其实仍然是正强化在起作用。首先我们来理解一下"飘"是什么意思。简单理解就是，德不配位，被夸的人高估了自己。

比如你夸一个人说："哇，你好聪明！"但实际上这个人并没有你像夸奖的那么聪明，加上这个人对自我的认知不够清晰，这个人就会出现飘的情况。那么这种正反馈的夸奖带来的正强化就是，这个人会越来越飘，你的夸奖就成了"捧杀"。

造成这个情况的根源就是，你的夸奖不是基于事实，而是虚假的。

你为了达到某些目的而实施的正反馈，带来的无非就是两个结果：

第一，自我认知不清晰的人，就飘了；

第二，自我认知过于清晰的人，就自卑了。

就像孩子读书明明成绩一般，你非要夸人家读书厉害，要么孩子飘了，骄傲了；要么孩子迷茫了，自我怀疑。

而我做早餐这件事，女朋友给我的肯定属于真实的正反馈，我用心做了早餐这是客观事实，夸了我，只会强化我这个做早餐的行为。

还有一种情况是，他明明什么都没做，就被你夸了一顿。请问这个正反馈强化了什么？强化了啥也不干的行为。所以你会发现，你越夸，他越飘，还啥都不干了。

假如你逮到一个人就夸"你好帅，你好体贴"，哪怕这个人明明对你一般，那他会觉得，我对她这么差，还夸我，我真有魅力。

所以如果你担心夸一个人就会让这个人飘的话，你不妨回想，你的正反馈，是真实的成分更多，还是捧杀的成分更多。

如果你能客观地说，你的正反馈都是真实的，那么更多可能是被你夸的这个人，传递给你的印象是拎不清自己了，所以让你有了这种感觉。

最后做个简单的总结：

第一，正反馈一定得基于真实，不能做虚假的夸赞；

第二，正反馈一定要出现在你需要强化的行为之后。

两个人交往多久才能发生关系？

我发现大家对于"什么时候可以发生关系"这个问题，意识很模糊啊，这样是很危险的。

最近我在网上看到一个这样的提问：两个人交往多久后发生关系比较合适？评论区有一些人竟然说，跟着感觉走，感觉合适了就可以发生。我的天，这是编出来忽悠小姑娘的鬼话吧。

千万别信，再有感觉，也要忍住。我见过太多案例，正是因为过早发生关系，导致出现了问题。

我有一个来访者，跟男朋友认识一个月后，就发生关系了。尴尬的是，又过了一个月后，情绪下头了，突然发现这个人的人品不行，感觉自己掉坑了，然后特别后悔。想要马上抽离出来，但是心里总是会掂量着，要不再试试看吧？或许是我误会了呢？

对于发生关系这件事，我的态度很明确，不能发生太早。

很多人觉得，现在都二十一世纪了，还有人会这么想吗？其实大家都低估了过早发生关系的危害性了。

第一，发生关系后，你看待对方就会加上一层滤镜，没办法做到客观看待这个人。你会觉得对方什么都特别美好，似乎一些"小缺点"你也能容忍。但是等到一两个月后，欲望下去了，就会开始觉得对方的小毛病变得不那么容易忍下来了。

第二，关系转变太快，双方无法适应新的角色定位，会导致关系加速破裂。就像你们本来刚刚从暧昧进入情侣关系，但是又还达不到深度亲密关系的时候，就提前发生了关系，于是你开始用深度亲密关系的要求来期望对方，而对方没办法做到一下子就转换到这个角色当中，自然而然就会产生回避的心理。

很多人会经常微信问我："老师，为什么感觉发生关系后，他的态度就开始发生变化了？"如果你也有这个疑问，不妨去思考一下，你们是不是发生太早了？

谈恋爱就得经历一个从认识、熟悉、深入了解到暧昧、亲密、深度亲密的过程，要循序渐进，不能随随便便跳级，否则双方都无法适应这个变化。

第三，意外怀孕的风险。情到深处的时候，能不能及时找到安全套是一个问题；用了安全套后，使用是否规范又是一个问题；结束后，处理安全套的方法是否正确，还是一个问题。整个过程中，风险系数是非常大的，一旦意外怀孕了，就尴尬了，难道要跟眼前这个还不熟悉的人结婚吗？还是说要打掉呢？似乎都不太合适。

那么问题来了，两个人在一起后，至少要多久后才能发生关系呢？

从时间层面来说，一定不能短，至少也要三个月后，但是并不代表三个月后，就一定可以发生关系，还是有一些参考依据的。

第一，你们两个人得一起去渡过一些"难关"。通过这些共度时刻，可以观察对方在压力之下的表现是怎么样的，也看看自己在压力之下，对方接纳你的程度如何。

比如两个人一起去完成一道步骤非常多、难度非常大的菜，然后观察对方的耐心。如果整个过程你们都可以在有压力的环境下笑嘻嘻的话，那么就算是过关了。

又比如，可以在一些涉及底线的事情上，尝试拒绝对方几次，观察对方是会充分尊重你的意思，还是只顾着自己的利益。

第二，一起交流关于怀孕的事情，观察对方对待怀孕这件事情的态度。毕竟随便发生关系，即使做好了安全措施，依然会有怀孕的风险。

一定要提前试探出眼前这个人对待怀孕的态度是怎么样的，比如你可以拿一些网络上的案例来问他："假如里面的主角是你，你会怎么处理这个情况？"

第三，要对这个人有个基本的了解，性格、习惯、工作收入、家庭背景、好友、债务、教育水平、等等。你总不能在了解对方的基本信息之前，就贸然和对方发生关系吧？

说个极端情况，假如你们发生关系后，不小心怀孕了，然后你突然发现，他负债好几百万元，还有一些慢性病。这个时候，你怎么办呢？

所以，发生关系这件事，不应该成为早期增进感情的一种手段，而应该是关系足够亲密、足够深入后的自然结果。

而一段关系要足够深入，足够亲密，必须得靠时间的堆积，不存在有人认识一个星期，就关系很深入的。除非你们有过一起出生入死的经历，这种属于极少数情况。

如果真的有人因为不能过早跟你发生关系而冷淡你，甚至威胁你要分手的话，这是好事啊，你提前发现了这个人不行，总好过木已成舟了，再来后悔。

对于女孩子，我要说的是：你有权说"不"。一定要学会保护你的身体，安全套不能保证万无一失。对于男孩子，我要说的是：别为了个人私欲去伤害别人的身体，你的一时兴起，也许会造成人家一辈子的阴霾。

情侣间最舒服的相处模式是什么？

答案就是，不要把对方当成情侣。

这句话怎么理解呢？其实翻译过来的意思就是，让你不要对对方抱有期望，不要对你的伴侣有所"图"。

我举个例子，我的一个同事曾跟我吐槽，说他不太开心。我就好奇，问："为什么呀？"他说："我谈恋爱了！"我当时就："？？？"然后他补充说："就是在一起之后，总感觉哪里怪怪的，也说不清哪里有问题。"

看到这里，有恋爱经验的小伙伴应该就会秒懂了。你们谈恋爱之前，对方干什么都是可以理解的，甚至觉得对方很可爱。你们谈恋爱一段时间之后，对方干什么你都会看不顺眼。于是你开始在心里嘀咕："他变了。"

明明还是同样的一个人，为什么恋爱之后，就变了呢？

其实，对方真的变了吗？不是，是你变了，你变得开始对这个人有期望了，有要求了。到了这里，有人会质疑，如果我对这个人没有期望，没有要求，我还要这个情侣干吗？

你有这种想法吗？很残酷地告诉你，90%的感情，都是死于这种心态，这种就叫托付心态。

你们知道感情的所有阶段里面，哪个阶段最开心吗？不是恋爱，不是发生关系，也不是结婚，而是暧昧阶段。

为什么？因为暧昧阶段是不用负责的，同时对对方也是没有期望和要求的，有的只是喜欢和好奇。

难道你会对一个喜欢但是还没有在一起的人有所要求吗？不会。

正是因为你们处于暧昧阶段，你们是不用对这段"感情"负责的，一旦没有了责任这个东西牵制着你，你就会觉得很自由，同样对方也是一样的自由，这个时候你们散发出来的都是最有魅力的气质。

"跪舔"其实也是同样的道理,"跪舔"的人觉得自己无私,我想说的是,"跪舔"的人其实是最自私的。

为什么?因为"跪舔"的人企图通过"跪舔"这种简单的行为,获得别人的喜欢,却不去认认真真地研究对方的喜好,思考怎么样让对方真正感到快乐,这是一种偷懒的方式。

站在被"跪舔"的人的角度,就是我能感受到你这个人对我有所求,也许我说不清这种感觉,但是真的可以感觉到。这是期望和要求所带起的气场。

因此,当你开始对你的对象有所求的时候,你给别人的气场,和"跪舔"是一样的。你们都有一个共同点:对别人有期望和要求。那些刚刚在一起还没超过三个月的情侣尤为明显。

当你们终于把关系升级为情侣之后,就会开始对对方有要求,有期望。一旦对方的行为所产生的结果跟你的预期不一样,你就会觉得"他(她)不爱我"。对吧?

暧昧的时候,对方不回你微信,你会想,估计是在忙吧。在一起的时候,对方不回你微信,你就会想,他(她)肯定是不爱我。回想一下是不是?这中间的差别,就是你对对方抱有期望了。

你发微信,已经开始期望对方要回复你了,甚至期望对方秒回。

但对方不会每次都能达到你预期的效果。然后你就难过,失落。

一次两次,逐渐绝望,然后分手,然后对恋爱绝望,宣布从此不碰感情，只想赚钱。多少这样的活生生的例子。多少感情就这样被扼杀在摇篮里。

说了那么多，那到底能不能避免这种心态呢？

能！怎么做？

在这里我教大家一个恋爱思维：享受过程，忽略结果。

先问你们一个问题，谈恋爱是为了什么？思考五秒钟。

为了找个人照顾自己？

为了不那么孤单？

为了结婚？

都错了！这些都是典型的追求结果而忽略过程的心态。

追求结果的心态会有什么问题呢？

大家都能猜到了，就是抱有期望和要求。整个传递出来的气场都是有所图的。

所以我教给大家的"享受过程，忽略结果"这种思维，正是让你摆脱这种心态。

把你的关注点从"结果"转移到"当下（过程）"，多去想想"如何让你们这段感情更加难忘、美好""如何让你们这次的约会更加有趣、开心""如何让这一次的谈话更加深刻"，而不是"如何让他和我结婚"。

只要你的期望和要求很强烈，整个人弥漫的气场是可以被感受到的，即使对方原本很爱你，也会因为长期有这种感觉而感到窒息和恐惧，从而想要逃避你，甚至分手。

但如果你把注意力放在当下，放在你们之间的相处体验，放在你们每时每刻的开心、轻松和甜蜜上，而不那么焦虑于

"未来"和"结果",那么你们之间将会拥有越来越多愉快的瞬间和当下。

人的一辈子就是由无数个当下组成,当你拥有了越来越多愉快的当下,你的人生也就越来越顺心快乐。

聊聊性价比最高的恋爱心态

大家在谈恋爱的时候,肯定都是想让自己开心一点儿的。那么有没有一个办法,可以保证自己在一段感情中,最大限度保持开心的状态呢?

在说出我的答案之前,先来看一段小故事。

在生活中,我是一个习惯性节约别人时间的人。我这么做,并不是为了获得一个好的口碑,也不是为了方便别人。

我最终目的只是节约我自己的时间。

戏剧性的是,当我持续这么做的时候,好的口碑自然而然就获得了,这算是除了节约自己的时间以外的一个额外收益。

为什么说,节约别人的时间,就是在节约自己的时间呢?

有一次一个朋友来问我关于如何写作的问题,我花了五分钟给她列了一些书单,然后发了过去。我本以为这件事就这么过去了。第二天,她来问我,零基础的适合看哪本。第三天,她来问我,非虚构写作适合看哪本。第四天,她来问我,视频剧本适合看哪本。

就这样，零零散散地总共耗费了几个小时的时间。虽然我一开始图方便，只花了五分钟列了一个书单。后来，再有人找我，我会列好书单的同时，说明每本书适用的情况和阅读难度。而这只花了我十五分钟左右的时间，后续她就不会再来找我了。

现在我可以回答在文章开头留下的那个提问了：有没有一个办法可以让自己在一段感情中保持最大限度的开心状态呢？

我的答案是：将你的思想聚焦在让你的伴侣最大限度保持开心的状态即可。

我发现很多感情破裂的人，找我的时候，往往自己的思想都是聚焦在：对方爱不爱我？如何让对方多爱我一点儿？如何让对方听自己的话？我不开心该不该分手？

而我身边那些感情很好的情侣和夫妻，他们都会有一个共同聚焦的心态，就是如何让伴侣开心一点儿。

那么这个心态是如何在关系中发挥作用的呢？

在一段感情当中，如果你的伴侣情绪很好很开心，那么这个时候，对方给你的反馈基本都是正面反馈，而正面反馈会强化你的自信心，让你也变得很开心。

举个最直接的例子，约会见面的时候，你看到对方很开心，然后笑了，对方看到你笑了，他也会很开心地笑了。

相反地，如果你让对方不开心了，对方给你的反馈基本都是负面反馈，而负面反馈会弱化你的自信心，影响你的开心程度。

比如当对方不小心做了一些让你不开心的事情时，你发了一顿脾气，然后骂了对方一顿。这个时候对方被骂了，心里不舒服，也许会摆出一张臭脸，也许会不跟你说话。

然后这种行为就会反过来让你更加不开心了。

我接过一对夫妻的咨询，女生在生活中就是一个习惯性抱怨的人，生活中总能找到事情抱怨。男生打游戏，她抱怨；男生不爱干净，她也抱怨；家里灯坏了，她还抱怨。

相信生活中，大家都遇到过经常抱怨的人，那种体验真的是让自己整个人充满负能量，看到这类人就想远离。

而我当时给她的建议就是，停止抱怨。每天做三件让她老公开心的事情，坚持一周，然后再来找我。

带着半信半疑的态度，她坚持了三天，就找我说："最近老公打游戏的期间，也会停下来帮我晾衣服了，他之前从来不会这样的。"

不在压迫中灭亡，就在压迫中反抗。纵观历史，但凡是压迫群众的朝代，都会灭亡。而为人民服务的政策，都会长久。

人与人之间也是一样，你企图通过控制、压迫的手段让对方听你的话，让你开心，短期内也许会有效，但是长期来说，一定是得不偿失。

假如你想让男朋友多关心你，那么你就不要在男朋友不关心你的时候摆臭脸、情绪化，而是要在他关心你的时候，表示开心，亲他，帮他按摩。

你想让一个人对你好一点儿，与其告诉他，对你不好会有什么惩罚，不如告诉他，让你开心会有什么好处，并且用行动证明。

人都是趋利避害的。

虽然这个过程里面，也许会遇到一些不懂感恩、傲慢的人，但是相比于你后续投入的时间来说，这算是性价比很高的一件事了。

如何潜移默化地影响一个人？

有一次在外面吃饭的时候，听到一句广告语：怕上火……

当我听到这三个字的时候，心里就在默念"喝王老吉"，随后，广告语念出了我心中的话。我笑了笑，随后，我心里一阵惊讶。

因为我突然想到了一个问题，为什么我的大脑会本能地做出这种反应？怕上火，喝王老吉，真的管用吗？认真想想，肯定会有比这个更管用的办法，比如多喝热水。

但是为什么我第一时间想到的是喝王老吉，而不是喝热水呢？王老吉到底对我做了什么？我回家后，思考很久，似乎明白是怎么回事了。

大家来回忆一下：当你听到"怕上火"的时候，你的大脑里是不是会响起"喝王老吉"？

当你听到"今年过节不收礼"的时候，你的大脑里是不是同样会响起"收礼只收脑白金"？

这就是影响的威力，就跟洗脑一样。这种影响可以让你的大脑突破常识限制，直接建立起一种强关联。

"常识限制"是什么？比如水往低处流，太阳从东边升起，这是客观存在的常识。

而突破了常识限制所建立起来的强关联，就好比有人跟你说，太阳是从西边升起的，然后你还信了。

王老吉通过对你的影响，和"怕上火"建立起强关联，同样脑白金也和过年送礼建立起了强关联。

当这种强关联一旦建立起来的时候，任何理智逻辑在你身上都毫无意义，你只认已经建立好的强关联了。

试想一下，当这种影响办法用在人与人之间的时候，会怎么样？意味着你可以将自己的观念，强行植入对方的大脑里，潜移默化地影响对方。

举个例子，你的老公不太听你的话，你想让你的老公乖乖听话，你会怎么办？

常规的做法是，要么像个唐僧一样天天唠叨，要么就利诱威逼他。最后你会发现，都不管用。

如果我们用影响的方式，来给对方"洗脑"，我们可以怎么做呢？

第一步，建立一个强因果关系的逻辑。

第二步，为这个逻辑找各种有说服力的案例。

第三步，不断重复。

我们来一步步拆解给大家。

第一步，建立一个强因果关系的逻辑

强因果关系的逻辑，就是有非常明确因果关系的一段话，比如"怕上火"是因,"喝王老吉"是果。因为怕上火,所以要喝王老吉,这种就是强因果关系。

如果你想让老公乖乖听话的话,也要有一个强因果关系的逻辑。比如,优秀男人都是听老婆话的。

你是一个优秀的男人,所以你要听我的话。没男人会觉得自己是个差劲的人。

乍一听,你会觉得,这个观点非常矛盾,而且不自洽。这就来到了第二步,第二步就是为了让这个矛盾的观点变得合理,让人容易接受。

第二步,为这个逻辑找各种有说服力的案例。

如果你直接对他说"优秀男人都是听老婆话的",他肯定不信,甚至懒得搭理你。为什么会这样?因为你没有说服力,你说的都是空话。

所以你需要通过大量的案例来证明"优秀男人都是听老婆话的"这个观点是合理的。

比如你可以找机会对他讲:陈小春说过,在他眼里,好男人就应该听老婆的话。比如他自己,私下很喜欢汽车,但老婆大人不让买,所以到现在都没有换车。

这就是一个案例。又比如朱亚文也是听老婆话的一个明星,无论是朱亚文还是陈小春,他们在男生眼里,都是比较爷们儿的一类明星,所以说服力就会比较强。

类似的案例,只要你够细心,总能发现的。有一个需要注意的点是,当你说完了案例之后,要立刻切换话题,不给他反驳的机会。

第三步，不断重复。

你会发现，光有口号和案例，还是不足以让对方认可你的观点。因为还有第三步，也是最关键的一步，就是不断重复。

无论是王老吉还是脑白金，只要你认真回忆一下，他们总能在不同场景对你喊出他们的口号。

在商场的时候，在饭店的时候，看电视的时候，正是这样轮番轰炸之下，才会让你印象如此深刻。

而这个也是第三步的关键，当你有了各种各样有说服力的案例后，你就要在各种不同的场景重复"口号+案例"，吃饭的时候，起床的时候，看剧的时候，只要重复次数足够多，太阳从西边升起都是有可能的。

《战国策》里面有个成语叫"三人成虎"，比喻说的人多了，就能使人们把谣言当作事实。一个观点，只要你重复次数够多，就会让对方的大脑开始动摇自己的观点，同时也会对你的观点进行合理性思考。

我发现我女朋友也是把这招玩得很厉害。一开始她不断跟我强调，她是个旺夫的女生。我当时也没当一回事，封建迷信使不得。

但是后来，她总能找各种各样的案例来说明她是一个旺夫的女生。加上我认识了她之后，收入也的确有了明显的增加，久而久之，我真的开始相信她也许是个旺夫的女生。

最后总结一下，如果要潜移默化地影响一个人，第一步是建立起来一个强因果关系的逻辑。第二步是根据这个逻辑找各种各样有说服力的案例。第三步，就是在各种各样的场景下，反复证明这些"逻辑+案例"。

分手高发期，越亲密越无话可说？

回顾以往咨询过的案例当中，分手高发期往往最容易发生在蜜月期的阶段，大概就是确定关系三个月之后。

建议刚谈恋爱的小伙伴，一定要认真看看这篇文章。预防胜于治疗，等问题浮现了再去解决的话，就要费更大的力气。

一般刚确定关系后的3~6个月内，属于甜蜜期。这个阶段你们亲密无间，即使对方有一些你难以忍受的缺点，你也会选择性遗忘，情人眼里出西施。

当你们度过了一段快乐的甜蜜期后，你会开始发现，眼前这个人，好像有点儿不那么顺眼了，对方一点儿小行为，总会轻易惹怒自己。你们总会因为一点儿小事而吵架，你总是想赢对方。如果你有以上的情况，那么你们就已经进入了磨合期。

磨合期正是恋爱的分手高发期，大部分的情侣都迈不过这一关。因为前一个阶段——甜蜜期的时候，你在疯狂分泌多巴胺，享受亲密给你带来的愉悦感，会让你产生一种错觉，就是你们一辈子都会这么快乐。你却没有意识到：多巴胺终将消退。然后，现实就给了你当头一棒。你的高预期，让你产生了巨大的失落感。

同时，让你更加绝望的是，曾经那个完美的人，开始变得不爱干净，邋里邋遢。他变得不再像你刚刚认识的时候那么完美。事实上，对方从来没有变过，是你的期望太高了。

我之前说过，这个世界上根本不存在完美的灵魂伴侣，所谓的灵魂伴侣，不过是你从小到大，未被满足过的需求所凝聚而成的一个假想体。进入磨合期后，你的梦碎了，你回到现实，发现眼前这个人，跟你想象中的灵魂伴侣不太一样。你不允许对方变成一个普通人，你急需把对方变回那个完美的灵魂伴侣，以缓解你的焦虑情绪。

接着，最可怕的事情发生了。

你会控制对方。当对方不再符合你心中预期的时候，你除了分手，剩下的选择似乎只有控制了。只有控制，对方才会乖乖变回你想象中的样子。一旦你有了控制对方的想法，你们的关系将不再平等。你会将对方当成奴隶，让对方成为你身边的一件物品。你觉得他摆得太歪了，你直接强行摆正即可，不需要经过对方的同意。

一段关系长期处于被控制的高压状态下，分手就变成了一个可预见的结果。

那要怎么度过这段磨合期呢？

大家常见的做法是，不度过，直接放弃这段感情。这也是一种处理方式，因为至少可以让自己摆脱极其痛苦的磨合期。但是，你的下一段感情大概率会重蹈覆辙。因为这个世界上根本没有完美的灵魂伴侣，可以不用度过磨合期的。真正能够让一对情侣熬过磨合期的，根本不是什么灵魂伴侣，而是处理矛盾的能力。

所谓的磨合期，就是你们不断去克服关系中产生的一个又一个的矛盾。直到最后，你们磨合出一种彼此都能够接受的应对矛盾的方式。当你们磨合出来后，才算是度过了磨合期。

那么如何练习这种处理矛盾的能力呢？我分享一个办法给大家：定期举办家庭会议。

老粉丝都知道，我跟女朋友刚在一起的时候，也会经常吵架。后来，我们定了一个规则：每周都要开一次家庭会议。

这个家庭会议的规则是：

1. 说出对方最近一周做了什么让自己不开心的事情，产生了什么感受。
2. 说出对方最近一周做了什么让自己很开心的事情，产生了什么感受。
3. 承认自己做错了，并且允许对方惩罚自己。
4. 承认自己做得好，并且要求对方奖励自己。
5. 所有事情过了今天不允许再提，有问题今天沟通完。

这个办法能让对方知道自己做错了什么、做对了什么，同时辅以惩罚和奖励，慢慢修正彼此的行为。

因为正常人都是喜欢被奖励，而不喜欢被惩罚。

问题爆发期

多巴胺消退,争夺控制权

怨种语录：你变了，我们分手吧

下面我们来探索一下"变化"这个话题。

我发现在很多分手的感情里，有一个共同的临界点，就是"他变了"。类似于：他变得不在乎我了；他回消息没有那么快了；他不接我下班了。这些临界点一旦出现了，关系就会开始急剧恶化，最终走向分手这个终点。

有一位来访者，微信找我提问："老师，我们在一起半年，他变了。他没有刚开始那么在乎我了，以前是秒回我微信的，现在有时候都直接不回我的微信了。为什么会这样啊？"

其实，我看到来访者提问我这个问题时，第一个感受就像是，有个人在问我为什么人会变老一样。

这不是很正常的吗？他要是一直秒回你微信，我才觉得奇怪。

在我看来，"他变了"这个问题和"人会变老"这个情况是一样寻常的。大家可能会觉得奇怪，变心了也是一件正常的事情？

其实大家会觉得奇怪，是因为忽略了一个基本的客观规律，就是没有意识到，这个世界上所有的事情都是会改变的。你认为不变的东西产生了变化，只是一个阶段性的问题。

可能刚开始谈恋爱的时候，你们很恩爱，这个时候你们的情绪体验达到最高点。过了三个月后，多巴胺消退，情绪体验开始落回正常值，你们开始变得不那么恩爱了。这种情况是非常正常的，但是你觉得不合理。这里的问题就在于，你错把巅峰当成了一种常态，而将常态当成了一种问题。

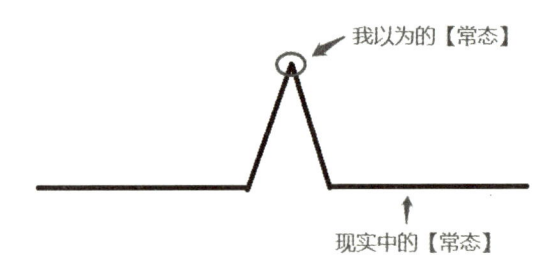

```
           ← 我以为的【常态】
              ╱╲
   _____╱  ╲_____
                  ↑
             现实中的【常态】
```

所有的关系都是处于动态变化当中的，他可以一开始很爱你，也可以变得不爱你。他可以一开始讨厌你，也可以变得很喜欢你。

关系是由人来构成的，而人会随着时间的推移、阅历的增加，逐渐变得不一样。你能说十八岁的你和二十八岁的你，看待问题的角度是一样的吗？不可能的。所以千万不要把一时的个人体验，当成永恒的现状。

理解了这个后，我们再回过头来看看那位来访者的案例。

我当时反问她："如果你们刚认识的时候，他就是回微信不及时的话，现在的你，还会觉得这个行为有问题吗？"她的回答是："那不会。我会急，也是因为他现在跟之前不一样了。"

看到了吗？关键在于，他的行为，跟之前不一样了。

对她而言，两个人的关系应该保持着一种固有模式，并且这种模式是不能改变的。就好像是，一对情侣刚在一起的时候,习惯每晚睡觉前都要打电话聊天。这个热恋期的甜蜜行为,逐渐变了一个固有模式,并且这个固有模式发展成了一种常态,常态是不能改变的。

可是一旦这个热恋期行为的有效期过了之后,回归平淡,这个时候就意味着固有模式被打破了。这会让人觉得,这段关系就此崩塌了。就好像前面案例中的那位来访者一样,从秒回微信到不回微信的转变,足以让她焦虑不安了。从本质上来说,这是人对变化本身的一种抵触心理。

为什么我们会那么抵触变化呢?因为变化会带来恐惧。我们会在潜意识上觉得,如果改变了,这段关系就不是原来的关系了。这让我们害怕。

就好像,我们感情很好,所以天天聊天。现在产生变化了,开始不怎么聊了,我们就会觉得,这肯定是感情不好。这根本就不合理,聊天频率从什么时候开始,变成了判断感情好坏的标准了?说到底,无非是过去的某个固定时刻让我们体验太好了,我们希望永远停留在那一刻。最后产生了害怕失去的念想。

天天聊天的亲密感,秒回微信的被在乎感,这些体验都太好了,我希望一辈子都能这么体验下去。我希望这是我的感情常态。

这种对巅峰体验的渴望,让我们开始追求稳定的体验,而害怕变化的出现。

我们知道变化是一种常态,可是我们又那么讨厌变化,那怎么办?最有效的办法是去接纳变化。可是前面也说了,我们害怕,也讨厌变化,又怎么去接纳呢?

我们害怕是因为觉得变化会给我们带来不好的东西。当知道了这个想法后，解决办法就出来了：列出变化对你有利的一面，这样你就更容易去接受变化本身了。

举个例子：从一天打一次电话到一天不打电话，是一种变化，这种变化对你不利，你不喜欢。从一天打一次电话到一天打三次电话，也是一种变化，但是这种变化对你有利，你是喜欢的。这就说明了，只要变化本身是对自己有利的，我们是更加容易去接受的。

但是变化本身是不能控制有利或者不利的，怎么办呢？我们可以控制我们的角度。就拿一天打一次电话到一天不打电话这件事来举例子：不利的角度是，联系少了，感情就容易变淡；有利的角度是，接触时间少了，不会那么容易腻，久别胜新婚，有新鲜感。

同样的事情，不同的角度，你的接受程度是不是也就不一样了呢？

为什么总互相试探？打直球不好吗？

这个问题我觉得有点儿像情感版的"何不食肉糜"。为什么非要开几万元的紧凑型汽车呢？开几十万元的路虎不安全一点儿吗？

打直球当然好，但很多人做不到打直球，是因为缺乏这种能力，是因为没得选。

"打直球"这种说法从心理学角度来说，叫自我坦露。以前还没有打直球的说法时，叫"真诚"。说白了就是，我能够在你面前暴露我内心的真实想法，无论是积极的还是消极的想法，都敢于表达出来。

比如说，我跟女朋友还在上班时，我无意中看到她跟其他男同事一起出去吃了午饭。我占有欲作怪，吃醋了，然后就阴阳怪气，说话各种讽刺她。这个时候女朋友感受到了我的奇怪，但是不知道原因，就来问我："你怎么了？感觉你怪怪的。"

打直球的说法就是："我看到你跟别的男生出去吃饭，我吃醋了。我占有欲很强的。"

这层信息叫作自我坦露，一般人几乎做不到淡定地把这些感受说出来的。因为让自己的对象知道自己吃醋，知道自己占有欲强，似乎风险很大，不是好事。

从通俗的逻辑来看，自我坦露对自己似乎不利，但这是有利于建立信任的。因为起码我给我的阴阳怪气行为套了一个真实的解释。

假如我不用打直球的方式，换成其他方式来表达："没事，今天心情不太好"，或"没什么，就是有点儿累"。这样几乎没有任何的自我坦露，但带来的问题就是，我的情绪既排不出去，对方也不知道我阴阳怪气的真实原因。

这样确实保住了我情绪稳定的虚假面具，但同时也在损害信任。因为哪天等我憋不住开始翻旧账的时候，对方就会开始质疑我说话的真实性了。

而想要做到真正的打直球，需要具备两个条件。

第一，让对方一听就懂。所以，你得清楚知道自己的直球该往什么方向去打，而不是一股脑把自己情绪发泄出来。比如，"你为什么不及时回我信息？"这是质问，而且没有任何的自我坦露。

你可以这么表达："收不到你的信息我会焦虑，及时回应能满足我的安全感。"这样就能马上让对方感知到，你对于不回消息这件事为何如此介意。

第二，敢于说出来。但凡涉及自我坦露的沟通内容，一定会面临内心深处的不堪话题。所以哪怕意识到了，很多人也是不敢说出来的。

比如，女朋友问我："为什么你总是介意我跟别的男生聊天？"我会说："因为我自卑，我害怕你被其他优秀的人吸引。"

这个就是我内心深处的不堪和柔弱。坦露的好处是，更容易建立信任和亲密；坏处是，肚皮翻给了猎手，它可能成为对方伤害我的武器。

这也是很多人不敢说的原因，单一个"她会不会觉得我很废"这个想法，就吓退了不少人。

所以说，打直球这种表达方式固然舒服，但并不是所有人都具备这个能力。有的人扭扭捏捏，试探个不停，不是因为这个人心眼坏，而是压根儿不会正确地进行自我坦露而已。同理，并不是打直球的人就是真诚，这个人只是具备了自我坦露的能力，这个能力很多人都可获得。

最后再说说如何获得打直球的能力。在这里我只能说一个最简单且适用于所有人的办法。

就是进入一个大多数人习惯自我坦露的环境中去，比如一对一的咨询，在咨询过程中去获得自我坦露的机会和体验。如果不具备这个条件，那么就识别身边那些能够自我坦露的人，然后靠近他们，甚至和他们交朋友。

当你身边经常会出现自我坦露的行为时，哪怕这个行为不是自己做出来的，也会在潜移默化中影响到自己。举个例子，如果我经常跟你交流我的内心小秘密，那么只要我说得足够多，你也会慢慢对我敞开心扉的。

在环境和人的影响之下，你会觉得"自我坦露"是一件正常的事情，那么它就会像呼吸空气一样，自然而然地融入你的生活了。

为什么有那么多"词不达意"的误解？

自从写文章以来，我有一个很深的感受，想分享给大家：很多想法，想的时候很容易，但是要精准表达出来，却很不容易。

我的每篇文章灵感，几乎都来源于突然出现的一个念头，有时在吃饭的时候，有时在洗澡的时候。这些瞬间产生的念头，最后变成了大家所看到的文章。

产生一个念头非常容易，我一天会产生十几个念头。但是当我真正开始写作，想要将念头梳理成观点，表达出来时，就卡壳了。突然发现里面的逻辑关系不是特别清楚，然后我又重新思考，重新去捋顺这个念头的内在关系。

当我深度思考完了之后，我会发现思考出来的结果与最开始的那个念头有点儿背道而驰。通过这个体验，我发现，其实在亲密关系中，大家也是一样，往往说出来的话，都是起源于那个突然出现的念头，而不是经过深度思考的结果。

突然出现的念头,并不是你真正想要的东西,只是你情绪上头时的想法。如果直接表达出来的话,就很容易产生误解。

下面,我就跟大家来聊聊关于"词不达意"引发的误解。

误解是怎么产生的?

首先,我们来学习一下,误解是什么。误解其实是"你的心声"和"对方的理解"不一致了,出现了理解偏差,对方理解的意思并不是你心中所想传达的内容。

这个误解是怎么产生的呢?首先沟通的过程,是由表达者和接收者共同完成。在沟通的过程中,表达者负责:形成想法→解构想法→表达信息;而接收者负责:接收信息→解构信息→理解信息。

而关键则在于解构这一步。表达者可能会错误地解构了自己的想法,导致表达了错误的信息,从这一步起,后面全部都出现问题。

举个例子,你发现最近男朋友总是不回你微信消息,你感觉到了被冷落。于是你觉得他变得不关心你了(形成想法),你开始思考:除了不回信息以外,主动找我聊天的时间也少了,你开始认为,他一定是不爱我了(解构想法)。接下来,你开始质问他:"你是不是不爱我了?"(表达信息)

当你男朋友听到这个问题后,很头疼(接收信息),开始思考:她是不是太闲了,总是想一些乱七八糟的东西,我都这么忙了,还问我这种问题(解构信息),她一定不关心我、不体谅我(理解信息)。

到此,误解已经产生,可预见的争吵也即将发生了。学过我关于沟通表达技巧的老粉丝都懂,如果用"事实-感受-需求"的沟通办法去表达，根本不会产生任何误解：我发现你最近总是不回我信息（事实），我感觉到被你冷落，我有点儿害怕（感受），我想知道你最近怎么了（需求）。

你说不出来，是因为没想明白

很多小伙伴可能会觉得，一定是自己表达能力有问题。其实我想说的是，很多时候，你表达不出来，是因为你没有想清楚，你想清楚了，弄清楚里面的逻辑关系了，自然就会表达。

就像我开头所说，写文章的念头很多，但是真的开始写了，发现内在逻辑都梳理不好，就根本写不出我想要表达的东西。

像刚刚举的例子一样，很多人从感觉被冷落到说出"你是不是不爱我了"，整个过程可能就花了几秒钟而已。

对于"你是不是不爱我了"这个问题，你没有经过深度思考，最常见的情况就是，对方随便举一个生活中的例子，就能反驳你这个观点，比如："宝宝你怎么了？我昨天不是才给你转了三千块零花钱吗？怎么会不爱你了呢？"

这个时候，你的大脑开始混乱了：事实上，他的确还是爱我的，但是我的感觉又很真实，的确有被冷落的感觉。这就内外矛盾了。

这里的问题就在于，你没有去深度思考，是什么导致了你产生这种被冷落的感觉。你可以在内心问自己：为什么他不回我信息，我会产生了被冷落的感觉？不回信息好像也不是什么罪大恶极的事情。到底是哪里出了问题呢？

这种感觉我之前似乎也经历过，小时候妈妈也总是忙于工作，不接我的话。我那种被冷落的感觉就是如此产生的。刚好碰到男朋友也不回我信息，这种感觉就被激活了。

相信我，如果你经过这种深度的思考，然后再告诉你的男朋友："你不回我信息的时候，让我想起了小时候妈妈也不理我的样子，我感觉到被冷落，十分害怕。"一个正常的男朋友，一定会及时地安慰你，告诉你："我不会像你妈妈一样冷落你，我是一直爱你的，我以后会注意。"

通过这种深度的思考，你不仅直面了童年的恐惧，还告诉了对象，让对方有机会来治愈你的童年。

沟通表达的技巧固然重要，但是，我更希望大家可以学会这种内视的技巧，从根本上去解决你们的问题。通过这种技巧，你也许不再需要用一生来治愈你的童年。

真的会忙到没空回微信？

你有遇到对象不回消息的情况吗？这个时候一般是不是会困惑：真的会忙到没空回消息吗？现代人手机都是二十四小时不离身的了。

其实别人不回信息，无非就是三个原因。

第一，真的忙到没时间回。像一些互联网行业、咨询行业，本身工作强度是很高的。早上工作一旦开启后，就马不停蹄地转动起来，根本没时间回复消息的。

第二，没精力回。因为工作已经消耗掉了对方90%以上的精力了，不再愿意将精力放在聊天这件事情上，试过高强度工作的小伙伴，应该能理解这种感受。

第三，比较纯粹，就是不想回复。而不想回复里面，又会分为两个原因。

一是没必要回复，就是你并不重要，对于你的消息，就爱回不回。二是之前两个人之间有过不好的经历体验，比如试过一次忘记回消息后，一直被指责。于是就会对回消息这件事，有着抗拒心理。

有没有时间回复消息这件事，本身并不复杂。在此就不去深入分析了，我想和大家说说我自己的经历，给大家提供一些新的角度看待这个问题。

之前我在公司上班时，体验过连续一个月，每天上班没停过的那种节奏。而且上班时间是持续熬夜的，经常凌晨两三点才可以休息。

整体下来的精神状态是非常差的，每天像台高速运转的机器，一刻也不能停下，一直处于精神紧绷的状态。

说真的，那时候看手机的时间很少。我试过最夸张的一天，出门上班前手机充满电100%，凌晨回到家里后，手机电量还有93%。我上班的时候，基本是不看微信的，因为工作上有专门的沟通软件。

那时候我还是单身，也有尝试去和一些女生接触。但是说真的，在我最忙的那一个月里，真的没啥时间和精力聊天，就算我看到她们发消息给我，我也没啥动力去回复。

因为我知道，一旦回复了，后续就需要不断聊下去了。我一想就会觉得很累，没欲望。最多我也就是回一句"最近很忙"。

也就是说，我当时真正害怕的并不是回复消息这件事，而是回复消息后，需要持续不断聊下去。

其实我也清楚，对方只是想要一个回应来让自己安心。有时候说一声的确可以起作用，但前提是，真的能起作用了，我才会去回应。

我见过很多情侣，有一方不回消息了，另一方会不断逼问："为什么不回？真的有这么忙？你是不爱了吧？之前你都会回复的。"

任何一个人看到这些话的时候，相信我，这个人的潜意识一定知道，这已经不是回一个"我在忙"这么简单的事情了。

有人会觉得，回一句消息有这么难吗？如果是刚认识的阶段，回消息这件事并不难，但是越相处，会变得越难。

这是因为关系的相处模式，是你们相互作用而建立的。就像一个喋喋不休的人背后，肯定有一个沉默不语的对象。

网上经常有一些"鸡汤文"告诉你，爱你的人，一直都有时间。

其实这个逻辑很奇怪的，相当于将"爱你"和"有时间"这两件事挂钩了。

二十多岁的小男生，时间很多，也愿意为你花时间，他这是爱吗？想要对你图谋不轨的人，也愿意花时间来狩猎你，这是爱吗？

扯远了，接着说我的经历：到了休息日，我其实也是没有欲望去聊天的。因为高强度的工作，已经消耗掉了我90%的精力了。难得有一天空余的时间，我想把剩余的精力留给我自己，而不是任何人。

你可以理解为，就是不够爱，因为我要优先去爱自己，优先让我自己的精力恢复回来后，再去爱其他人。

相比于和异性聊天，我更加希望一个人安安静静去看看书，看看电影，玩玩游戏，做一些可以让自己找回掌控感的事情。通过这些事情，我才能得到真正意义上的"休息"。

说真的，和喜欢的异性聊天，对我而言不是一件可以恢复能量的事情（仅限于我自己，因为我是通过自己一个人思考的方式来恢复能量的，不代表所有人）。

在我很累的时候，本身状态已经很差了，我没有信心可以好好聊天，最后很容易导致两个人都不开心。我也试过，在自己状态很差的时候，强行和女生去聊天，甚至见面。最终的结果就是，我的状态不好，我的洞察能力、情绪感知能力都会变弱，整个人传递出来的感觉就很消极，然后就会影响到我身边的人。

那我是不是完全不会找任何人聊天呢？其实也不是，我也会去找一类人聊天。

这类人就是能够治愈我的人，他可能是倾听能力很强的，或者自身情绪非常乐观的人，可以感染到我。又或者是我非常熟悉的人，我知道对方不会对我火上浇油。

这类人一般就是关系很深的朋友、相互了解的对象。当然我并不是每次都会去找他们治愈我，因为我知道，治愈了我，也就消耗了他们。偶尔一次两次还可以增进感情，但总这样，反而会消耗关系。

那时候我就有一个感悟：工作非常忙的人，真的不要去谈恋爱，会牵扯出很多的问题。

处对象这件事，本身就是需要消耗一定的时间和精力的，如果你本身大部分的时间和精力已经都分配给了工作，那还是不要去"祸害"别人了。

一句"我在忙"背后所需要传递的信息，就是以上我所说的这些。

但是大多数人都无法表达这些信息。愿不愿意花时间和精力去解释是一道门槛，有没有能力去解释清楚，又是一道门槛。

所以这也难免会造成一部分人对此存在误会。

当然，以上仅仅只是我一个人的经历和感受，仅代表自己的态度，不能代表整个忙到没空回消息的群体，因为的确也存在一些以忙为借口，回避沟通的人。

我只是提供另外一个角度供大家去参考，既不是教你做人，也不是去说教。

还有一个更加经典的问题是，真的会忙到没空回微信吗？会的。

主要有两个原因：

1. 大家都忽视了碎片化时间和完整时段的区别。
2. 双方对于时间的感知不一致。

先说第一点：碎片化时间和完整时段的区别。

举个例子，我在写文章的时候，我的女朋友也会一直给我发消息，或者在我身边的话，就会一直跟我说话。但是无论是发消息，还是跟我说话，我都是不理的。

因为当我进入写作状态的时候，我是不能被打断的。我的大脑在思考，我的手指在打字，整体处于一个连贯的状态。我需要有一个完整时段去完成写作。

这个时候，我是不可能停下来，中断自己的思路，去回复她的消息的。因为这样的话，我的思路就会被打断，写作起来就会断断续续，像挤牙膏一样。

类比到工作中，也是一样的道理。当对方处于很忙的状态时，是没办法断开自己的节奏，停下来回复你的信息。因为回复信息的时候，需要将大脑从工作状态切换回到伴侣状态。而切换是需要时间的，并不是马上就能切换，而需要五到十分钟的过程。等于说，我在写作的时候，进入状态了，一旦被打断，需要花五分钟时间重新适应伴侣状态，回复信息。然后再花五分钟进入写作状态，并且，不一定能够百分之百恢复到之前的写作状态中。

这已经不是爱不爱、重不重视的问题，人的大脑就是这样，特别是男生的大脑，需要他精神高度集中，不能分心，这是根植在基因里面的。

远古男人狩猎的时候，需要他高度集中精神，不然就会被野兽吃掉。

不仅很多女生没有意识到这一点，连很多男生自己都没有意识到。所以当女生来质问的时候，他就会自我怀疑，我是真的不爱她吗？

内疚，自责，伴随着女生哭诉的次数越来越多，逐渐升级为不被理解，愤怒，最后可能真的就变得不爱了。

一开始写作的时候，我也没有意识到这点，后来进行了几次自我觉察之后，我就发现状态切换这个问题。

所以当女朋友在我正写作还找我聊天的时候，我会及时告诉她："嘘，我正在思考，不要打断我。"

再说第二点：对时间的感知不一致。

抱怨对方不回微信的小伙伴，先思考一个问题，就是你们双方的工作强度，是否一致。

我以前工作很忙，每天一上班，就跟打仗似的，停不下来，一直都在干活或者跟同事沟通。这时候我对时间的感知是很快的，一个上午，我觉得一下子就过去了。

而我的女朋友工作在下午才开启，早上会比较清闲。那么在早上的时候，她对时间的感知就会很慢。于是她会很无聊。

找我聊天，我一小时没有回复，她就会生气，觉得我这么久都不理人。可是对我而言，我只是弄了一个表格而已，感觉才过了十分钟。

所以，同样的一小时，对她而言，是很久的；对我而言，却很快。因为我们两个人对于时间的感知是不一样的。

如果我们不能很好地明白这点，很容易就会吵架了，她觉得我不够在乎她，我觉得她不够理解我。

很多家庭主妇也是一样，觉得老公在外面只知道工作，不管家里人，回家都是鞋子袜子乱丢，不知道做家务多累。而老公就觉得老婆一点儿都不体谅自己。

这里就是双方对于时间的感知和房子混乱度的感知不一致所导致的。

自从微信诞生以来，因为没有信息已读的提醒，所以大家都默认信息发出的时候，对方都是已读状态了。已读不回是大忌。不像QQ，还能设置一个下线或者隐身。

这放大了"秒回微信"这件事的重要性了。不找我，不回复我，就是不爱了，感情淡了。

大家不要被一些媒体带节奏，什么"不联系就是不爱了""不是没时间，是你不够重要"。

这些口号本身是有漏洞的，但是因为它的逻辑简单粗暴，比较节省判断成本，所以大家都觉得很适用。

但这是偷懒行为呀，你们不花时间去了解自己伴侣的性格、为人，反而去追究回不回微信这类小事，这是本末倒置。一个人对另一个人的爱，是由多种欲望情绪组合而成，并且处于流动变化状态，如此复杂的人性变化，怎么可以用回不回微信作为判断准则呢？

为什么你们一开口就吵架？

不知道大家有没有留意到，生活中总会有一些人，只要一开口，就会自带吵架模式。聊不过三句话，就会进入情绪激动的状态。

包括很多来找我咨询的小伙伴当中，往往感情有问题的情侣，都是其中某一个人自带了吵架模式。

最可怕的是，很多人自带吵架模式，但是不自知。每次和人沟通时，总是不明白对方为什么莫名其妙就生气，不理自己了。

到底什么是吵架模式呢？其实是一种负面沟通模式。人与人的沟通模式当中，分为负面沟通模式和积极沟通模式。

只要两个人当中，有个人进入了负面沟通模式之后，吵架必然发生。

先来聊聊大家最容易"踩雷"的负面沟通模式，最常见的行为有两个。

一、打压

举个例子,你跟对方说:"我想吃炸鸡。"对方回应你:"吃啥炸鸡,太上火了,又不健康。"

这就是典型的打压行为了,打压者甚至还以为是为了对方的健康着想,对方应该感激自己。

这其实是一个情商很低的行为。你也知道吃了不健康,很上火,但是你就是馋。可是对方没有及时回应你的这个情绪。

看到这里应该不会有人还在思考,"可是炸鸡真的不健康"这个问题吧?

二、评价

这是最容易踩的一个"雷",也是最容易引发吵架的一种沟通模式。举个例子,家里很乱,你的对象看到了之后,直接说:"你怎么这么懒,从来都不收拾?"

也许他说这句话的初衷是让你去打扫卫生,但是你听到之后,第一反应肯定是,"之前地都是我拖的,哪里懒了"。

这种沟通模式给人的感觉就是,你一点儿都不了解我,就乱给我贴标签。这是让人很讨厌的一种行为。

无论是打压还是评价,最终都会导致这次沟通的失败。根本的原因是,负面沟通模式会让两个人处于对立状态。换言之,你变成了他的敌人。

你在哭的时候,对方安慰你不要哭,这就是对立状态。你难过,你想哭,但是对方却在要求你不要哭。你就觉得,对方不是来安慰你的,而是来气死你的。

所以说,沟通时,千万不要让两个人进入对立状态,对立状态自带吵架的气氛。真正有效的沟通心态应该是，我们一致对外，我们处于同一阵线。

还是你在哭，对方安慰你："你一定很难过吧？哪个坏蛋让你这么难过的？"你看，这个时候，我们就是一致对外，同一阵线的人，是友军。

我们再来聊聊大家最应该学会的一种沟通模式——积极沟通模式。主要分为两种。

一、及时反馈

反馈是一种最基本的沟通模式，换言之，就是每个人都应该学会的一种沟通模式。

举个例子。你跟对方说，你加班很累。

打压的人会说："天天坐在空调房里面还累啊。"这是一种负面反馈。

而最基本的正面反馈应该是："辛苦了，回来给你按摩。"这是一种基本的反馈，虽然没啥情绪价值，但是至少不"踩雷"。

而更加有效的是下面这种。

二、理解

如果说反馈是给对方的发声做出回应，那么理解就是给对方的深层次情绪做出回应，算是一种共鸣的做法，会让对方觉得你很懂他。

举个例子，你跟对方说："我失眠了，好痛苦。"

评价的人会说："你就是想太多了。"这是一种推论，给人的感觉是一点儿不被理解。

而理解的回应是："抱抱，那种很困，想睡又睡不着的感觉，太痛苦了。我也经历过这种睁眼到天亮的痛苦，太可怕了。"

这叫理解，理解对方的痛苦。

这才是我们在同一阵线去面对问题，而不是你作为问题来让我面对。

当我们翻旧账时，到底在翻什么？

几乎每一对情侣都经历过翻旧账这个事情，每次吵架吵着吵着就拿之前的事情来攻击对方。这是让人非常抓狂的一件事。

那么到底我们为什么那么喜欢翻旧账呢？

本质上是因为，存在旧账里的情绪还没过去。就算事情本身已经解决了，但是受害的一方情绪还在。

比如你发现了你的对象在微信上面跟别人暧昧，你很生气，和他大吵大闹。他表示只是玩玩而已，然后当着你的面，把暧昧对象的微信给删除了。

按道理，这件事到这里就该结束了，对吧？

然而并没有，在男生眼里，这件事的确算是结束了。微信都删了，还要怎么样呢？总不能把微信卸载了吧。

但是在女生眼里，这件事情并不能算过去了。因为负面情绪还在，她发现男生和别人暧昧，这种不安全感的负面情绪依然存在，所以在女生的潜意识中，这件事还没完。

但是男生已经当着她的面,把暧昧对象的微信删除了,她又不能说什么,又无法准确地表达出自己的不安全感,所以她自己也以为这件事已经结束了。

直到一次偶然的机会,女生注意到了男生和女同事的微信聊天界面,即使没有什么暧昧的语言,但是她的潜意识当中,依然保留着对男生会搞暧昧这件事情的负面情绪。

当她遇到类似的场景——他和女同事聊天,她的负面情绪就会马上被激活,会主观地觉得,他跟女同事在搞暧昧了。

然后开始疑神疑鬼,不断强迫自己偷看他的手机,不断寻找蛛丝马迹,就是为了去验证他在跟人搞暧昧。就算找不到任何证据,她依然会觉得,他就是在和女同事搞暧昧,然后发脾气,闹别扭,甚至要逼他承认,心里才舒服。通常到了这个地步,如果没有人来帮他们消除误会,基本就会走向分手的结果了。

这里的关键问题在于,男生始终没有意识到,真正需要解决的是女生的情绪问题,而不是搞没搞暧昧的问题。

在女生还没发现暧昧事件之前,她的大脑当中对男生的潜意识认知是"他是不会去搞暧昧的",但是当她发现了男生有暧昧行为的时候,因为这个行为给女生带来的情绪波动非常大,最后就突破了原来女生的潜意识认知。

在女生的大脑当中形成了一个新的潜意识认知"他是会经常搞暧昧的"。一旦女生这个新的认知形成了之后,后续男生任何的行为,都会被这个认知所影响。

就像你小时候溺过一次水,长大后,当你看到水池的时候,还是会害怕的。这就是潜意识认知给你带来的长期影响。

所以这个男生要做的并不是删掉暧昧对象的微信,而是需要有一个更加正向的行为,来重建女生大脑中的潜意识认知,用新的、正向的潜意识认知,去替代原来那个"会搞暧昧"的旧认知。

这个才是解决翻旧账的根本方法。不要觉得这是一件小事情,据我观察,大部分找我咨询的小伙伴,都是因为这种小问题,逐渐发酵成了一些负面的新认知。当这种负面的新认知积累到一定程度后,就会面临分手的情况了。

修复这个问题的最好时机是,新认知刚形成的时候,就立刻发现,然后处理好对方的情绪,要么避免形成负面新认知,要么尽早用正向新认知来覆盖掉旧认知。

当你的伴侣经常有翻旧账的行为时,就说明对方已经积累一定程度的负面认知了,你需要及时发现,然后清除掉。

请记住,事情过去不算完,情绪过去才算完。

如何判断你的感情能否继续?

我发现很多小伙伴在做咨询之前,都会问我:"老师,我还有挽回的必要吗?""老师,我这段感情是不是没救了?"这从侧面反映了一个问题:大家都不知道,如何去判断自己的感情能否继续走下去。我给大家分享一下我在这方面的见解。

直接说结论:只要你们双方还能进行正常的沟通对话,你们的感情就依然有可能走下去。

我先来解释一下,什么是正常的沟通对话。这里很多人会有一个误区是，认为沟通本身是通过对话去让对方认可自己的观点。这其实不是沟通，而是说服。说服意味着你不认可对方的观点，你坚持自己是对的，并且你企图让对方也认可你是对的。

还有一个是，让别人猜，我相信当你问对方一个问题时，你最讨厌的回答应该是：你猜。如果你想让对方知道一些信息，比如你喜欢吃什么，你可以直接表达出来，而不要去说一些模棱两可的话让对方猜。猜不猜得出来，跟他爱不爱你，没啥关系。

正常的沟通对话，最核心的一点是，进行信息交换。

比如，"你不爱我了！"这句话是带有责怪意味的猜想，潜台词是："你必须得爱我，你应该爱我。"这给别人的感觉是强势地说服。这违背了沟通的本质，并且没有进行任何信息交换。

"你跟我打电话的频率变低了，我感觉被冷落。"这句话则是信息量满满，"打电话频率变低"是信息，"感觉被冷落"也是信息。通过信息的传达，对方才能第一时间知道你当下的状况和感受。

找我做过咨询的小伙伴都知道，我一般会找你们要对话的截图，目的是了解你们的沟通模式是怎样的。通过对沟通模式的了解，我就可以判断你们能否进行正常的沟通对话。

有几类常见典型的沟通模式，我分享一下。

激进型模式

这类沟通模式最常见的特点是，激烈、疯狂、地动山摇式的争吵。底层认知是：一定要说服对方，我是对的，对方是错的。

这种沟通模式更多是情绪上的碰撞和宣泄，怨气长期积累，到达了临界点后，爆发。整个对话的过程不会有信息的交换，反而是充满了指责、谩骂、批评，疯狂地说伤害对方的气话，甚至会导致暴力产生。

回避型模式

这类沟通模式的特点是，安静无事，积极回避一切冲突。底层认知是：只要没有冲突，我们的感情就没有问题。一切都会好起来。

这种沟通模式中，你们每次沟通都像一拳打在棉花上，有力使不出。但是双方都处于一种极度压抑的状态，就像一个气球一样，矛盾在不断膨胀，你知道它一定会爆炸，但是又不知道什么时候会爆炸，于是处于极度焦虑不安的状态。

其实这对你们感情的伤害程度甚至高于激进型模式，而且你们持续压抑的状态，早晚会演变成激进型模式，并且会比普通激进型模式更加惨烈。

解决型模式

这类模式是最健康的模式，特点是，无论过程如何激烈，最终会有一个结果。底层认知是：有矛盾得及时暴露出来，然后去处理掉这个矛盾。

这类沟通模式最大的好处是，双方能够暂时抛开彼此的情绪，一旦抛开了情绪，双方就站在了同一阵线上，共同去面对矛盾，而不是作为对立面，去指责对方。你们的敌人应该是矛盾，而不是彼此。

无论是激进型还是回避型，我最终都会将他们引导回解决型。只有进入解决型模式中，你们的沟通才会有一个结果出来，而不是单纯地发泄情绪，或者等矛盾自己消失。

其实冲突本身并不可怕。每段亲密关系都会经历冲突，模范伴侣并不是没有冲突，而是一起去面对冲突然后处理冲突。

冲突就像一面镜子，能够映射你们内在的不足，促进你们不断地自我迭代升级彼此的关系，这才是一段好的感情。

经常吵架还适合在一起吗？

会有小伙伴问我，两个人如果经常吵架的话，还适合在一起吗？这个问题不能以是否吵架为标准，因为两个人在一起，就肯定会吵架的。

我们得看具体的吵架类型是什么，才能判断两个人还是否适合在一起。结合我这些年的咨询经验，我将吵架分为两种类型。

第一，融合型吵架，越吵越爱，这种很适合在一起。

第二，消耗型吵架，越吵越烦，这种在一起的摩擦会很多。

第一种属于别人家的感情，就是生活中会有一类情侣，他们总是吵架，所有人也都知道他们在吵架，但他们每次吵完架之后，两个人反而更亲密了，吵得越多，关系越好。在他们的关系中，吵架并不是矛盾，而是增进了解的过程。

他们吵架的特点是：声音大，次数多，敢表达，不攻击，结束快，不过夜，吵完爽。

他们无论吵得如何剧烈，吵架的过程中，他们都能直接表达自己的真实感受和需求。

比如，我跟我女朋友吵关于她习惯性指责这个矛盾时，我会直接说我不舒服，别这么指责我。她也会直接说，我对家里人就这样子。

虽然表面看是在吵架，但我们也互相说了一些新的信息，当这些信息表达出来后，我们就能更加理解彼此的行为。

而敢表达也是因为彼此都不会为了发泄自己的情绪，去攻击伴侣。

比如我不会给女朋友贴标签说她是什么什么人格，她也不会说我玻璃心之类的。在这种不攻击的环境下，才能更好地表达自己的感受，才会互相了解。

当双方交换信息后，两个人的了解就加深了，越了解，越信任。这个事情就翻篇过去，绝不会演变成旧账。如果在这个加深信任的关键节点，发生一次激情事件的话，激情程度也会比平时高一些。

这种类型的吵架，不仅不用担心两个人是否合适的问题，甚至还会越吵关系越好。因为这种吵架不是老鼠屎，而是调味剂。

接下来说说第二种，消耗型吵架。这种吵架有一个很关键的特点，就是反复因为同一件事情，或者同一类型的事情吵架。

问题的根源是两个人对于同一件事情的解题思路不一样，从而导致两个人在面对同一件事的时候，持有完全不同的态度。而不同的态度，又会让两个人在面对同一件事进行互动时，产生比一般情侣更多的摩擦和矛盾。

比如迟到这件事，有的人很重视准时，因为他们解读为，迟到就是不重视，重视就不会迟到。但有的人性格随性，在他们看来，我跟你在一起，就说明我很重视你，其他都是小事。

对于同一件事，两类人就会持有不同的观念，更致命的是，两类人的观念在彼此的认知背景下，还都是对的。

你只能说，对方的观念和解读跟你不一样，但你不能说人家就一定是错的。

可悲哀的地方就在于，观念不同的两个人在成为伴侣后，会很容易将对方的"不一样"等同于是错的。

于是两个人就会因为同一件事或者同一类型的事情，反复吵架，比如因为安全感问题，会在回复速度、异性朋友、边界处理等场景中反复摩擦。

而要命的是，这种状态对两个人而言，是一种无解的状态，双方都认为自己的解题思路才是对的，认为对方的才不对。这样两个人轻易就能进入对立状态。

经常发生这种消耗型的吵架，如果也没有意识去找咨询师辅助调节的话，是不适合在一起的，两个人在一起就是互相折磨。

越来越多人正在杀死自己的爱情

有些找我咨询的人，总抱着一个期望：希望通过我来证明自己是对的。直白点儿说，他们不是来咨询，而是来寻求认同。他们总觉得是伴侣有问题，最后才发现：原来是自己有问题。

"老师，520他不给我发红包，他是不是不爱我？"

"老师，他总是不肯哄我，是不是不爱我？"

"老师，她不愿意跟我发生关系，一定是对我没有感情吧？"

这样的提问数不胜数。这反映出了一个问题，大家识别爱的能力，太差了。留给大家一个思考题：爱的方式错了，还算是爱吗？

带着这个思考题，我们往下看。

你想要苹果，给你梨就不是爱吗？

大家谈恋爱，都是为了满足自己的需求。你告诉对方，你需要爱，需要拥抱，需要沟通，需要接纳，需要偏爱。但是你没有告诉对方，你需要什么样的爱，你需要别人如何去接纳你。

有个女生经常找我咨询，每次吵架时，她和男朋友的对话大致如下：

女生："你一点儿都不爱我，不在乎我。"

男生："我比任何人都爱你，你根本不懂我。"

女生总是问我，男生爱她吗，我的答案是爱她的。这里出现矛盾的原因在于，双方对爱的理解不一致。女生认为对方的行为根本不是自己想要的，而男生觉得女生丝毫不懂得感恩，自己付出了这么多，自己的诚意却没被认可。

这就好比，你跟对方说，你饿了，想要吃饭。于是对方带你去吃了火锅，因为他自己喜欢吃火锅。

可是你不喜欢吃火锅。于是你说："你怎么这么自私，只想着吃自己喜欢吃的。"

然后对方继续问："那你想吃什么呢？"

你回答："我想吃饭啊，不是说了吗？"

这就是对爱的理解不一致。你不喜欢吃火锅，别人带你吃火锅,就是不爱。

可是你发现了吗?你一直都在说,你想吃饭,却没有说自己想要吃什么,甚至你自己都不知道想要吃什么,对方也不知道你想要吃什么,所以,只能带你去吃他喜欢吃的东西。

在对方的认知里,吃火锅也算是吃饭,并且是他认为最好的一种吃饭方式。对方只是在用自己认为最好最熟悉的方式带你去吃饭。在他看来,这就是表达爱最好的方式。可是到了你这里,就变成了不爱。

表达爱和接受爱

谈恋爱的人,问自己最多的问题大概就是:他(她)到底爱不爱我?归根到底,是因为没有搞清楚别人"表达爱"和"接受爱"的方式,甚至都没有弄明白自己"表达爱"和"接受爱"的方式。

这跟童年时期的经历有关。比如有的人从小就被妈妈、老师夸奖,他(她)认为这就是他人爱自己的表现。长大后,他(她)就沿用了"夸奖"这种表达爱和接受爱的方式。

有的人喜欢用语言去表达爱,比如,经常说"我爱你",或者讲道理;有的人喜欢用行为去表达爱,比如,经常抱着你,睡觉时要碰着你的腿;有的人喜欢用仪式感去表达爱,比如,经常送你礼物,节日、周年日时会做一顿特别的饭。

接受爱的方式也有很多种,有的人喜欢"了解"这种接受爱的方式,比如,如果你很了解我,我就会觉得你很爱我,我也会很开心。

有的人喜欢"仪式感"这种接受爱的方式,比如,如果你总会记得在每个节日、周年日给我制造一些惊喜,我会非常开心。

当双方"表达爱"和"接受爱"的方式不一致时,就会出现"我喜欢吃苹果,你却给了我一堆雪梨"的情况。然后你感受不到爱,对方也觉得你不接受自己的爱。

不幸的是,有的人连自己"表达爱"和"接受爱"的方式都不知道。这就好比,我知道我喜欢吃水果,但是我不知道我想要吃什么水果,是西瓜、雪梨,还是草莓……

当伴侣用自己"表达爱"的方式对你,你却认为,对方根本不爱你。这才是最可怕的地方。

其实,你一直都被爱着,只是你自己没有感受到而已。你之所以没有感受到,是因为对方表达爱的方式不合你的口味,但是他爱你是确确实实的。

最后回答一下开头的提问:"爱的方式错了,还算是爱吗?"我的回答是,还是爱。每个人的经历都是千奇百怪的,不同的经历造就了不同的观念,不同的观念会产生不同的行为。

不要因为不同的想法而去扼杀自己的爱情。亲密关系除了能够满足你的个人需求以外,还可以让你通过"别人"来映射自己的内在,从而发现更好的自己。

感情崩塌,从产生"受害者"心态开始

记得某一年冬天,和女朋友有过一次很激烈的吵架,几乎要分手那种。具体的原因我就不展开了。我重点想要说的是,吵架过程中,我们彼此的受害者心态。

我们在吵架之后,都不约而同地产生了受害者心态,我感

觉到了不被理解，她感觉到了我的不重视。我们都觉得自己才是这段关系中的受害者。作为受害者，我们谁也不愿意低头妥协，我们都觉得对方应该跟自己道歉。

大家都懂，感情中根本不存在对与错的问题，只有珍不珍惜彼此。而这种受害者心态，会让你眼里只有自己，觉得自己才是被伤害的人，对方应该为此付出代价，从而完全看不到对方的情绪和感受。

我发现亲密关系中，很多人都习惯把自己当成受害者。每一次的吵架，双方潜意识里面都会觉得，是自己受到了伤害，对方应该为此承担责任。如果对方并没有为之做出一些补偿性行为，你就会进入自暴自弃的阶段。

曾经有个女生找我咨询，说男朋友根本不在意自己。我就问她怎么了。然后她直接发了微信聊天截图过来。内容主要是说，男生因为工作忙，在周年日没有给她送礼物，俩人就吵架了。最可怕的是，女生后面发了一堆的话，比如，"我真是贱，我对你那么好，你却一点儿都不在意我，算了，分手吧""反正我也是一直没人爱的""我也不喜欢热脸贴冷屁股"。

这种对话会让人极度不舒服，因为这会给他人造成强大的道德压力，会让对方觉得自己真的做错了什么。我暂且不评价这个男生的行为是否合适，但是女生的处理方式，只会让这段感情逐渐失去活力。

可能会出现两种结果：

1. 男生因为扛不住这种道德压力，选择道歉和补偿女生。同时也让这段感情向着"你不按我的要求来，我们就分手"的方向发展。最终总有一天，男生会因为扛不住这份压力而选择远离她。

2. 男生自我意识比较强，当场同意分手。很明显，女生的初衷并不是想分手。所以在男生同意了分手之后，又去主动找男生复合。因为受到受害者心态影响，在复合的过程中，女生依然会认定是自己受了伤，心态上会觉得：现在我愿意跟你复合，是给你机会，赶紧回来讨好我。很明显，这种心态是根本不可能修复感情的。

这两种结果，最终都会把感情演变成一场悲剧。

而这种受害者心态，一般是源于父母对你潜移默化的影响，他们抓住一些机会向你做出类似"我为了你的成长，付出了那么多""家里很穷，但还是给你买鸡腿吃，我们都是为了你呀"等这种模式的表达，长大了你就开始复制父母的这种心态去与他人相处。

也有一些小伙伴，在成长时期，受到一些浪漫故事的影响，这些故事为了增加戏剧性，无一例外都将男主角或女主角写成了受害者角色。比如男主角为了女主角，忍辱负重，牺牲了很多，就是为了让女主角过上幸福的生活。这会让你误以为，这就是感情世界中的样子。

也有的人在情窦初开的时候，遇到了一个有着受害者心态的伴侣。这位伴侣将他从父母身上复制下来的心态，用来与你相处。你因为从来没有谈过恋爱，也没人告诉你，应该怎么谈恋爱，所以你顺从了对方的模式，并且误认为，这就是爱。

那么，我们要如何摆脱这种受害者心态呢？我可以很明确地告诉大家，不可能通过我这篇文章，你就能摆脱。因为这种心态的形成，从你的懵懂时期已经开始了，现在已经深深植入你的潜意识中，从认知、情绪、行为多方面控制着你。

你通过我的这篇文章，只能对自己的这种心理模式产生察觉。仅仅是察觉，当然远远不够。不过，我可以给大家一些思路。

1. 当你面对冲突的时候，可以有意识地去觉察自己的受害者心态，觉察就够了，不要求你马上消除它。多练习几次，直到你出现了受害者心态的时候，能够第一时间知道，我现在有受害者心态。

2. 为自己的喜怒哀乐负责。受害者心态产生的一个原因是，你会觉得，自己的不开心，对方应该为此负责。而自己是受害者，根本没有责任。这就像犯罪中，根本不会存在完美受害者一样。你应该为自己的情绪负责任，并且有意识地告诉自己这一点。

一辈子很长，被人推着走太久了，不妨尝试下，自己主动去走走看。

这个世界上，除了我们自己，没有任何人应该为你的开心不开心、难过不难过等情绪负责任。

亲密关系的博弈，靠的是这一点

亲密关系之间的博弈，胜出者靠的从来不是道理、道德之类的束缚，靠的是谁坚守底线的态度更硬。更能守住自己底线的人，博弈胜出概率就越大。

我有位读者，特别受不了男朋友聊天时，总是突然消失不说话。于是天天给她男朋友灌输一些诸如做人要"事事有回应,件件有着落,凡事有交代"一类的大道理。

她男朋友的态度也特别简单,你说得很对,但是我不听,我坚持我自己,我就是不喜欢那么麻烦地聊天。到后来,这位读者因为舍不得这段关系,也选择妥协接受了男朋友的聊天习惯。

你看,这段博弈当中,很明显是她男朋友更有话语权。从客观来说,明明是这位读者更有道理。她男朋友聊到一半突然消失的行为,确实特别讨厌。

可男女之间的博弈根本不讲道理,对方坚持不被改变,你能怎么着?他的态度越强硬,就越是传递出自己的原则不允许践踏的信号。

这位读者看到自己男朋友说不动了,最后选择改变自己的时候,这场博弈的胜负就已经有了结果。

其实这类博弈在职场中也很常见。举个例子,我刚毕业时,因为什么都不懂,就想着多学习,于是别人让我帮什么,我都会答应。

带着这份习惯,进入第二家公司后,我发现了一个问题:我答应帮的忙越多,找我帮忙的人就越多,于是我的私人工作时间就被挤占得越来越严重。

后来我明白了一个道理,只要我不断退让,别人就会变本加厉地逼退我,那我就永远都没有时间去做自己的工作。

还有一类人,当领导给他们安排又脏又累的工作时,他们总找各种理由不接。一开始我会以为,这类人迟早会被领导干掉的。

但神奇的是，这类人不仅没有被领导干掉，反而领导每次安排又脏又累的工作时，都选择跳过这类人。

而他们也有了充足的时间去做好自己的事情，达成了自己的业绩目标。至于那么无脑接活的人，虽然花时间帮领导解决了又脏又累的活，但自己的工作成绩反而落下来了。

人性就是这样，一件事越是坚持，大家就越清楚这是你的底线，就没人敢去触摸你的底线。

而且我也发现了，在我接过的咨询案例中，但凡博弈失败，变得被动的人，都有一个特点：几乎没有底线，或者守不住底线。只要妥协一次，后面就有无数次的妥协等着。

不过以上的博弈都属于零和博弈，只要有胜出的一方，必然就会有吃亏的一方。比如，你坚持了底线时，对方就需要容忍你随之带给他的痛苦。

网络上大多数博主给的建议都是基于零和博弈，就是优先让自己舒服，至于伴侣的体验，则不是自己需要考虑的问题。

其实更好的博弈方式是合作博弈，也就是说，你既能坚守住自己的底线，同时还能让对方开开心心接受这件事。这是最好玩的一种博弈。

零和博弈不一定是双赢的博弈，但一定是让自己获得满足的博弈；而合作博弈是既能让自己满足，又能让对方满足的博弈。比如我之前讲过无数次的心理愧疚法，就属于这种合作博弈。

但是对比较被动的人来说，还是先从体验零和博弈的感受做起，再尝试比较进阶的合作博弈。

最痛快的相处，是忠于自己的底线

之前有小伙伴向我提问过这么一个问题："对方出轨了，是选择原谅还是离开？"

我的答案是："如果你能接受并且保证以后不会翻旧账，那就原谅。如果你不能接受，那就离开。千万别一边说不接受，一边又不离开。"

这里涉及一个叫底线的问题，能不能接受，就是你的底线。当你不能接受的时候，就说明对方越过了你的底线。

当你不能接受又不能离开的时候，就说明你允许了让对方越过你的底线。

什么是底线？在一张空白的纸上画上一条线，这条线以上的事情，是你可以接受的事物，这条线之下的事情，是你不能接受的事物。

如何坚守？你的语言、行为、态度都得和底线保持一致。比如说，你讨厌渣男，可是转头你又痴迷渣男提供的情绪价值，这就是一致性丢失。

当你的语言、行为、态度和底线不能保持一致性的时候，就是不坚守底线的时候。只要你不坚守了，你这个人本身，就一定会掉价。

就像打折商品一样，原价 3000 元的手机，3000 元就是它的底线了。你非要搞个活动打折，那就是自毁价值。

我以前工作的时候，认识一位服装店的老板，她很有个性，她的衣服都是自己设计的，并且坚决不打折，顶多是买满一个金额后，会送你一些东西。

她跟我说："打折就是一种掉价行为，说明了你为了消费者，妥协了自己，委屈了产品。客户也会觉得你不高级了。我需要维持我的调性。"

你看奢侈品，就从来不会打折。买得起就买，买不起你就走，根本不怕得罪"消费者"。

男女关系也一样。对方想和你发生关系，你不想，就明确拒绝，这就坚守住了底线。

如果对方因此说你拒绝就是不够爱他，这就是在讲价了。

你依旧坚守自己的底线，坚决拒绝，这就是没有被杀价成功，维持了你原有的价值。

而你因为觉得离不开他，害怕不发生关系就会被他抛弃，于是放弃底线，被杀价成功，也就掉价了。

放弃底线这个行为，就是在赤裸裸地告诉对方，你更依赖他，他这个人比你的底线更加重要。

当别人试图越过你的底线，该怎么应对？

记住一条公式：指出对方触及你底线的行为+说出你不能接受的原因=你的底线。

还是用上面的案例来说明：

男："晚上我们在外面过夜吧，我们在一起一个星期了，我想抱着你睡觉。"

女："不行，我们才在一起一周的时间，太短了，不是发生关系的时候。"（指出对方触及你底线的行为）

男："反正迟早都要睡的呀，你是不是不喜欢我？"（尝试杀价）

女:"我谈恋爱起码要三个月之后才会考虑发生关系,现在还太早了。"(说出你不能接受的原因)

男:"好吧,那就三个月后再说。"(顺从你的底线)

这里需要注意的是,你不能接受的原因,必须是真的。不能说你之前和前任一个月就发生关系了,现在又说三个月后才考虑,这个就是一致性丢失了。

还有一个很容易被忽视的点,就是不要将自己的观念强加到别人身上,要求对方必须跟你一致;而是要告诉对方,观念可以不一致,但如果你触及我的底线,会有什么后果。

举个例子,比如你们聊到脸型的问题上,你说你喜欢自己的脸圆一点儿,有福气。对方却说,他喜欢瓜子脸,好看点儿。

这里大家就会容易犯错了,会坚持说:"我就喜欢自己脸圆点儿,关你屁事。"

这样看似很有原则,实则却在透露自己的软肋。在这种小事上过分计较,容易让对方感知到你的不自信。

更有效的回答是:

"哎,你知道吗,以前也有不少男生也特别喜欢我这个脸型,但是我都不喜欢他们。因为我不喜欢以外貌来分类女人的男人。我更喜欢那些懂得欣赏内在的人。你还需要多努力些呀。"

这样的回答传递的信息就是,我不会强行要求你必须和我的观念一致,但是我也会说清楚,不纯粹地以貌取人,是我的底线,触及我的底线的人,都会有什么后果。

最后总结一下,在感情中关于底线的问题,无非就是三步:

第一，明确自己的底线。

第二，坚守自己的底线。

第三，不强加自己的观念到别人身上，但要让对方知道你的底线在哪儿，以及触及你的底线会造成什么后果。

请记住，底线不是用来说的，而是用来坚守的。

一开口就吵架？如何才能"好好说话"？

有一次在楼下便利店买东西的时候，听到一对夫妻的对话：

男："哎，老婆，我车锁了吗？"

女："你的车你自己不知道？"

男："不记得了。"

女："你不会自己去看看？"

男："……"

其实这个女生只需要好好说一句"你去看看呗"，就行了，但是她非要把对话往吵架的方向去发展。

很多情侣也是这样，明明只是一件小到不能再小的事情，不知道怎么回事，就发展成了吵架。

其实日常生活中，大多数人说话都是不经过思考的，被习惯和本能支配。一些说话就像吃了火药的人，他们的话就像刀子一样，深深刺痛着别人。

我们来好好分析一下说话的本质。

其实说话行为的本质是反馈。别人问你吃了没，你说吃了。这个"吃了"就是一种反馈。而反馈又分为消极反馈和积极反馈。

不好好说话属于消极反馈，比如：

指责：都怪你，害我上班迟到了！

打压：你不行的，这个你真干不了。

抬杠：你这么厉害，怎么不多赚点儿钱呀？

消极猜想：你是不是跟那个女的有一腿？

阴阳怪气：哎，有人升职了，就觉得自己厉害啦？

命令：去给我倒一杯水。

情绪化：我没事，你别管我（黑脸）。

质疑：你在教我做事？

好好说话属于积极反馈，比如：

鼓励：尽力就好，你已经做得很好了。

夸奖：哎哟，今天换了个新发型，帅哦，眼睛都离不开你了！

认可：我觉得你做得对。

理解：这次没做好，你一定很失落吧？

关心：你饿不饿呀？我下碗面给你吃吧。

日常沟通中，所有让人"不舒服"的表达，都属于消极反馈。

一段亲密关系中，两个人的谈话一旦是消极反馈占据了大多数时，他们就会非常容易吵架，动不动就会因为一件小事开火。

很多人在亲密关系中，觉得都是那么熟的人，不需要说话那么"见外"。特别是有的父母，总是习惯性打压。我觉得大家真的严重低估了好好说话的重要性。

为什么好好说话如此重要？

因为人的大脑会对"坏"的事情，记忆更加深刻。当代知名社会心理学教授罗伊·鲍迈斯特（Roy Baumeister）在一篇被引用了超过5300次的论文中指出：

坏的力量比好强（Bad is stronger than good）。

人类的大脑生来更关注危险和消极的事物。在远古时期，更加关注危险事物的人类，更容易存活下来，这导致了我们会对一些消极反馈的话记忆更加深刻。

举个例子，无论你和一个人前面聊得多好，只要他说出了一句非常恶心人的话，你对他的好印象会立马烟消云散。

购物的时候也一样，无论这个牌子好评有多么厉害，只要它出现一条差评新闻，你在抉择的时候，都不会再选择它了。

而在亲密关系中，亦是如此。亲密关系学者约翰·戈特曼（John Gottman）在1994年通过二十年的研究指出：

想要让婚姻成功，夫妇之间积极和消极互动的比例要大于5∶1。也就是说，要说五句好话、做五件好事才能弥补一次坏话或坏事造成的伤害。

一旦低于5∶1这个比例，婚姻就很容易破裂。大家不妨自己检查一下，你们的关系中是什么样的比例。

那么要如何好好说话呢？我有三点可行性建议给大家。

1. 日常对话中，多说一些正向的词语。比如开心、幸福、激动等等。人的注意力是单线程的，也就是说，当下你刷短视频的时候，就没办法聊微信。这两件事是没法同时进行的，顶多是先刷视频，再回微信。

这也就意味着，正向的词语，能够引导别人把注意力转移到积极的事物上，而去忽略消极事物。这就是通过语言去影响一个人的心情。

比如起床的时候，你发条朋友圈，"今天又是元气满满的一天"，人家看了就会觉得舒服；你要是发了"好烦，又要去上班"，那么你这种消极情绪也会通过朋友圈传递出去。发得多了，指不定人家就屏蔽你了。

2. 多夸奖，夸细节，关注到了细节，说明你真的用心。我发现大家会有一个普遍的认知，就是觉得夸对象这个事情，会让对方飘了。

这是错误的认知，夸奖会让人开心，但是不会让人飘，让人飘的是和对方能力不匹配的夸奖。比如一个沟通能力一般的人，你非要夸他表达能力强，他就有可能产生自我认知偏差，就飘了。如果你夸奖的是他的确做到的事情，对方只会因自己的努力和能力被看到、被认可而开心。这种夸奖也是比较真诚的。

那么如何夸细节呢？多说点儿具体的东西。比如女生问："你觉得我今天怎么样？"

敷衍级：挺好看的呀。（很虚，没有细节）

用心级：发现你今天化了烟熏妆，好显气质，而且跟耳环特别搭。（提及细节，说明真的用心观察了）

3. 停止你的所有消极反馈，别指责，别打压，别质疑，别抬杠，别猜想，别情绪化，别命令。做到这一条，你就已经比大多数人都优秀了。

会说话，先搞懂沟通的底层逻辑

有个小伙伴找我咨询，问我要不要跟男朋友分手，我问为什么要分手，她说因为对方总是不干家务活，一切都是自己在做，好累。

然后我就问："你们尝试过去沟通了吗？对方什么态度呢？"

她的回答是："沟通过，但是没效果。"

我就挺好奇的，问她："你是怎么沟通的呢？"

她说："就是直接叫他帮我分担家务呀，但是他说没空，拒绝我了。我觉得他肯定是不爱我了，不然为什么会拒绝我呢？"

看到这里，大家不妨思考一下，她的沟通里面，到底出了什么问题呢？是不懂得表达自己的需求吗？还是说话太直接了呢？

其实真正的问题是，她进行这次对话的目的是让男朋友听自己的话，去帮忙分担家务。这根本不是沟通，而是命令。一对情侣之间的对话最不应该出现的就是命令，命令意味你们双方是不平等的，发号施令的一方是统领者，听命令的一方是被统治者。

同样的情况也出现在一些喜欢讲道理的人身上，讲道理属于说服行为，它本身并不是为了沟通，而是为了让对方臣服于自己的逻辑之下，让对方顺从自己。

无论是命令，还是说服，都是非常容易导致吵架的对话模式，因为这是不平等的对话。

而沟通是建立在双方平等、互相尊重的基础上，才能好好进行的一种对话模式。

说到这里，你不妨再思考一下，沟通的真正目的是什么？

所有的沟通，都是为了信息共享和达成共识，两者缺一不可。信息共享是双方都表达出自己的诉求，交换彼此的信息；达成共识是根据共享的信息，协商出一个双方都能够接受的结果。

而说服、命令就算不上达成共识，只能算单方面提出自己的诉求，并且要求对方必须同意和执行，缺少了信息交换和平等协商。

举个例子，你们正在为度蜜月去海南还是云南而争论，你想去海南，他想去云南，这个时候，要怎么沟通呢？信息共享和达成共识要怎么运用呢？

信息共享，在这里就是告诉对方：

为什么想去海南？因为海南有海。

去海南能满足你的什么需求？我一直都想在海边拍一张照片。

为什么不想去云南？没有不想去，只是对比之下，更想去海南。

去云南会让你产生什么问题？没办法满足我要在海边拍一张照片的愿望，有点儿遗憾。

当双方信息都共享完了之后，就进入达成共识的阶段。这一个阶段我们要学会去区分什么是需求，什么是手段。

比如"想去海南"并不是真正的需求，而是一种手段，真正的需求是在海边拍照,去海南只是实现在海边拍照这个愿望而已,去海南的海边和青岛的海边其实是没区别的。

理解了这点,再想想,云南有没有能够实现"在海边拍照"的手段呢?如果有,这个信息是双方都知道的吗?

然后会发现,其实去云南的洱海也能满足"在海边拍照"这个需求。

这个时候,只要对方拿出一些洱海的美照给你看,然后再承诺你,到时候会给你拍一些美美的照片,相信你们就会达成一个共识,去云南。

达成共识,在这里就是通过友好协商,商量出一个到底要去哪里的结果,这个结果是双方都能接受的。

要注意的是,协商不是单方面的撒野,说我必须去海南,你不陪我去就是不爱我。又或者尝试去告诉对方海南有多美多美,企图以此来说服对方。

<mark>达成共识最重要的一点是双方都确认、双方都同意、才能算是达成共识。</mark>

有时候你学了很多沟通技巧、表达技巧,却还是无法好好沟通。往往就是因为你的目的出现了偏差,如果你总是为了说服对方而去学习沟通技巧,那么你的沟通永远都不会顺利。

因为你只是为了满足自己而企图说服对方,但实际上,没有一个人是愿意被说服的。沟通是双向的事情,只有当双方需求都被满足时,沟通才会有意义。

总忍不住怀疑对象？不妨试试这个办法

有一位粉丝曾经跟我说，自己特别容易怀疑自己的对象，因为经常在新闻媒体上看到很多男的婚后出轨的新闻，觉得男的只要有机会就会这样。带着这种怀疑的心态，每次对方只要回消息慢一点儿，或者下班回家晚了一点点，她就忍不住开始脑补对方出轨。她想知道这种情况该如何解决。

如果你也有类似的问题，我教你一个处理办法，很好操作。首先你拿一张纸，写下你对你老公的怀疑，比如：

他会跟同事去搞暧昧；他会跟女同事去吃饭，然后不回家；他会跟女同事去开房……

总之你能想到的怀疑，都先写下来。写下来之后，预留一周的时间，这一周的时间里，你该干吗干吗去，总之别盯着他就行。

然后一周之后，回过头来验证一下，你的怀疑有没有发生。如果单靠自己验证不了的，就邀请老公帮你验证，比如让他拿手机给你看。

验证完你也许会发现，客观事实并没有自己想象中那么可怕，比如他还是会下班了就定时回家，又比如看了手机，跟女同事的聊天也属于正常。

这样你就会慢慢减轻对于老公可能出轨这件事的恐惧了。

为了加深理解，我再举个例子：

有一个妻子总是觉得老公不在意自己，然后很担心老公随时会抛弃自己，接着产生很多可怕的幻想。幻想老公在外面有了第三人，幻想老公厌恶嫌弃自己。

那么怎么办呢？先让她把自己恐惧和担忧的点，具体写下来。比如：

我老公不想跟我说话；我老公不再照顾我的需求；我老公不愿意陪我。

写完之后，藏起来。两个人按照原有的规划过一周，过完之后再来验证，发现：

自己跟老公说话，还是能得到回应；自己让老公帮忙晾衣服，他笑嘻嘻答应；想看韩剧，老公也愿意跟自己窝在沙发上看。

当这一切验证完之后，之前的烦恼和恐惧就会减轻不少。因为她发现，现实情况其实并没有自己想象中那么可怕。

只要她意识到这一点，恐惧自然就会慢慢消退。

同样地，只要你能够意识到，你对象并不会真的像网络上那些极端案例中的人一样，你的焦虑感也会降低不少。

确实网络上有很多出轨、暴力相关的新闻，但是我想告诉你，群体的行为不能代表个体，个体的极端行为同样不能代表群体。

没有安全感不是你的错，这是环境问题和信息摄入问题共同导致了你对你对象的怀疑。

为什么会有那么多骇人听闻的新闻出现？不是因为这个社会上有很多骇人听闻的可怕事件，而是因为骇人听闻的信息更抓眼球。

媒体除了报告事实以外，还得抓人眼球，不然没钱赚的。

那些杂志也一样，狗咬人没人看，但是人咬狗大家就乐意看了。你得区分开,什么是事实,什么是想象。

在这么多年的影响之下,可能你没那么快就能调整过来,不过,你至少可以先按我前面说的方法尝试一下。实在不行,就找咨询师协助你调整。

对象介意你的过去,最好这样处理

这是一位粉丝的提问:"我跟男朋友在一起一年了,他最近跟我说,其实很介意我的过去。因为我之前跟前任同居过,他之前也知道的,但是他现在跟我说接受不了,无法接受跟我结婚,觉得我不检点。可这都是过去的事情了,我也不知道如何解决,我只能解释,但是解释得越多,他就越不耐烦。请教这种问题该如何处理呢?"

别被带进坑里去,你们在一起一年了,他才拿这件事出来说,说明核心问题根本不是你跟前任同居的问题,这只是一个烟幕弹,一个借口。

核心问题是,他对你的耐受程度降低了。耐受程度降低后,原本可以接受的事情,现在就无法接受了。

比如跟前任同居这件事,之前他一直不拎出来讲,说明之前他是可以容忍;而现在拿出来很严肃地跟你谈,说明现在他无法容忍了。

我估计他自己都没意识到自己对你的耐受程度降低了,只是当前他的主观感受是,跟你在一起不开心,总是会忍不住挑你的刺。而当初跟前任同居这根刺又是最大的一根刺,他就本能地当成了根源问题来对待。

而他错当成根源问题的那根刺，又是一根拔不掉的刺，因为那是过去发生的事情，谁都无法改变过去。于是他就会进入一种习得性无助状态，发现自己啥都控制不了，感觉焦虑不安。

越恐惧，攻击性就越容易被唤醒。他解决不了过去的事情，那么他就转移焦点去解决制造过去的人，就是你。

于是你就被单独拎出来，反复鞭打。天天盯着你的缺点看，一会儿说你曾跟前任同居，一会儿说你留有前任微信，总之会找你过往的各种所谓"污点"来攻击你。

攻击的目的是击败你，只有你被击败了，你才是更加可控的一个人。而只有你可控了，对方的焦虑才会消退一部分。

这个时候，你不用去解释你当初为什么会跟前任同居，因为你没必要解释，那时候你还没认识现在的对象，你做的任何选择都跟他无关。

如果你一直解释，你就掉进坑里了。中国有句古话，叫"欲加之罪，何患无辞"，他这个就属于欲加之罪。如果你一直跟他解释，你自己也会掉进一个自我否定的境地，你会一直后悔："唉，当初为什么要跟前任同居呢？搞得现在这般下场。"这一系列的自我否定，都会让你在关系中更加痛苦。

那么要如何面对这种局面呢？

首先第一点，他给你下的任何定义，比如"不检点"，你不仅不要听进去，不要当真，而且要立马叫停他的行为。

你没有做错任何事情，跟前任同居是你在之前那段时光里的一个选择，他不能用你过去的行为，来定义现在的你。他的焦虑，让他自己去解决，你可以配合他解决，但代价一定不是被他攻击。

第二点，尝试和他沟通，挖掘看看到底是哪里出了问题，导致他对你的耐受程度下降了。

找到了这个核心问题，才可以解决根源问题。如果能配合你沟通，就好好聊聊，聊不出来的，找专业的咨询师辅助聊聊。

第三点，如果他拒绝沟通，并一口咬定你就是有问题，那么这是无解状态，你赶紧离开。

熟悉我的小伙伴都知道，我不会轻易劝分，我很少会用如此具体的语言告诉你应该离开。

我能这么说，说明这个事情对你的影响是很大的。因为我见识过太多人被这种欲加之罪搞得郁郁寡欢、自我否定，从一个阳光积极的人，变成一个阴郁焦虑的人。

"不如我们冷静一下"这句话怎么回？

每个进入亲密关系的小伙伴，最害怕经历的一个阶段就是，双方的感情突然变得冷淡了，对方变得不怎么在乎你了。

然后在某一天的晚上，对方突然说："我们冷静一下吧。"

相信大家遇到这种感情危机时，那种无力、慌张、愤怒、不甘心的情绪会马上涌上心头。

我以前也经历过这种状态，我觉得每一分钟都是那么的难熬。当时我就在想，要是有个人告诉我该怎么办就好了。

所以下面我给大家分享一下，该怎么处理这种情况，还没遇到过的小伙伴应当打个预防针，预防胜于治疗嘛。

首先，我们来分析一下，对方说这句话的时候，心理动机是什么。"我们冷静一下"的潜台词就是，我觉得现在我们相处不舒服了。

所以一般说这句话的人（恶意骗人的坏蛋除外），动机无非就是三个：

第一，真的是想冷静一下，给彼此一些思考的时间，也是给自己一个时间去重新思考这段关系的可能性。

第二，想分手，但是又不舍得，并且不想把话说得太绝、太难听。于是说冷静一下，看看关系会发展成怎么样。有缓和的话，就再试试；没有的话，就这么冷静下去好了。

第三，想作一下，看看对方愿不愿意哄自己，以此来证明自己的重要性。这种情况你先示弱认错一下，询问对方："是不是我最近有什么做得不好的地方？"

如果对方吐槽你，说你的种种不是，那么就属于第三种情况，你哄一下，嘴巴甜一点儿，承诺肯定一点儿，这个事情就解决了。

如果对方的回应还是坚持要冷静一下，那么这就属于前两种情况了。

而第一种和第二种的动机里面，就有学问了。

这两个动机里面，对方其实是预留了一个感情考察期的时间。比如有的人会说，冷静一个月，这一个月的时间，就是感情考察期。

感情考察期的意义在于，在这段时间里面，对方对于是否要结束这段感情，是持摇摆态度的。

他自己也不确定，所以需要一段时间来观察看看。就像你入职一家新公司，需要度过试用期一样。

当我们了解了背后的动机，再回过头来看看，大家普遍的应对措施是什么：

觉得对方是想分手了，然后不同意，开始纠缠。对方看到你不同意，也懒得回应了。

得不到回应的你，恼羞成怒，开始攻击对方，说一些阴阳怪气的话，指责对方是渣男，甚至会产生电话轰炸的行为。最后不得已，对方把你拉黑了。

这些应对措施造成的结果就是：直接缩短了感情考察期，甚至是结束了感情考察期，让对方觉得，这段感情的确不太值得了。那么比较合理的应对措施是什么呢？我们得置之死地而后生。

当对方说出"冷静一下"这句话时，对方对你的预期是：你应该会惊讶，然后不同意。

如果你不同意，然后纠缠，这是符合了对方的预期效果，同时加快了感情考察期的结束；如果你接受他的建议，安安静静，不吵不闹，这就超出了对方的预期效果。

你可以说："好吧，你这么说应该也是认真想过了。我也发现我们的感情不太和谐，所以我理解你的选择。感谢这段日子你给我带来的快乐，谢谢你呀。"然后头也不回地走了。

本来对方还等着你胡闹的，没想到你痛痛快快地答应了，也不闹，这会让对方产生两个念头：

第一，愧疚心理，他会想，自己是不是做得太狠了，伤了她的心。很多人会觉得，疯狂生气、疯狂骂人能够让对方觉得是自己亏欠了你，其实并不会，这些情绪化的行为，只会激发对方的反抗心理。

就好像你走路的时候，别人撞了你一下，如果对方和气询问你有没有伤到的时候，你会说声没事，觉得这是小事；但是如果对方撞了你之后，还骂你怎么不长眼睛的时候，你就会非常生气了。

第二，对方会觉得你竟然会这么直接地就答应了，然后开始怀疑自己是不是做错了，不应该提这个事的。对方甚至会开始乱想，怀疑你是不是也不喜欢他了。

这个时候，局面就逆转了。本来他以为是他甩了你的，但是不知道为什么，现在感觉变成自己被甩了一样，所以就会有点儿不甘心。

无论对方是哪个念头，剩下的时间里面，你的操作空间就大很多了，不像你纠缠胡闹之后那么被动。

有的小伙伴可能会担心，万一对方真的借此不理自己了，怎么办呢？

感情这种事，本身就没有公平可言。难道你去纠缠，去说道理，就能感动对方吗？不可能的。纠缠带来的结果就是，增加对你的反感。最后人也没了，还弄得很难看。

与其这样，不如冷静退下，接受事实，多少还有一点儿可逆转的机会。就算真的成不了，好聚好散也能体面一些。

我明白很多人会觉得不甘心，觉得我还能解释一下，是对方误会了，还想抢救一下。以过来人的身份告诉你，不甘心了，什么都是错，开心了，什么都是误会。

感情中，你越害怕失去一个人，你就越会失去一个人。

别总去试探你的对象

很多人在感情中体验到不舒服的感觉时，有个不太好的习惯就是：习惯性去试探考验自己的对象。

这是最近一位读者跟我讨论过的点，我觉得很有代表性，想展开聊聊。

事情是这样的：她跟男朋友在一起半年，最近发现男朋友没有刚追她的时候那么有耐心了。

比如回消息的速度慢了，周末也不主动约她出去玩。

这些变化让她产生了一些想法，他是不是腻了？而这种想法又会让她觉得不舒服，很担心会分手。

其实有这种担心的感觉很正常，这不是问题。问题在于，她感受到不舒服的时候，她选择去考验男朋友，做各种事情试探他。

比如，会故意说自己不舒服，观察男朋友的反应。

如果反应合自己的心意，那颗不安的心就会稍微安稳下来。可是过不久，再一次焦虑，于是只能尝试更加夸张的试探手法。

直到后来，男朋友不耐烦了，说她总是在试探，不信任自己。最后，两个人反而隔阂更大。

觉得感情要出问题的时候，习惯性去试探别人，这是一种错误的方式，因为试探考验这种方式，是在火上浇油，恶化关系。

试探考验行为就像是，你买了一个玻璃杯，商家跟你说质量超好，从桌子上摔下来都不会碎，于是你试探性从桌子高的地方丢到地上，哎，真的不会碎。

然后你又尝试站在桌子上摔下去，发现还是没碎。接着你就用力往墙边扔过去，啪，碎了。然后你大骂一句："垃圾东西，根本不耐摔。"

你看，只要你动了试探考验的念头，这个东西就经不起试探考验了。

其实真正让我诧异的地方在于，她为什么不直接表达自己的疑惑，反而是采用试探的方式呢？

根本原因在于，太焦虑，又害怕面对事实。试探考验则是既不用直面问题，又可以缓解焦虑的做法。

而焦虑则是因为对方的反常行为，让你产生了一种感觉：你不确定对方是否是爱你。这种不确定性太强了，所以你很焦虑。

举个例子，初中的时候，其实我看东西就有点儿模糊了，我开始怀疑自己是否近视。

经历过的小伙伴都懂，其实这时最应该做的事情，就是去眼镜店或者医院检查一下自己是否近视就行。如果是假性近视的话，还有纠正的机会。

但是我做了什么呢？

第一，我故意离电视近一点儿，发现能得见，我就安慰自己不是近视；

第二，上课时眯眯眼看黑板，发现也能看得见，我继续安慰自己不是近视。

而我之所以会这么做，是因为我害怕自己真的近视了，会被爸妈骂。

因为我深刻记住了一句话:"书没读好,眼先近视了。"虽然听到这句话时,他们是在评价其他人。

你看,我眼睛出问题时,第一时间不是去定位问题,而是不断试探自己到底是不是近视。

无非就是不敢去面对自己已经近视这个事实,然后通过不断试探让自己稍微安心舒服些。

而亲密关系当中的焦虑感,只会更加夸张。

没有经验的小伙伴在面对这种巨大焦虑时,就只能做一些顺应人性,但违背客观规律,还会恶化感情的试探考验行为。

就跟一张木凳子,你坐的时候咯吱咯吱响,还摇来摇去。旁观者一看都知道,这个凳子马上就要坏了,但你就是不信,非要坐上去。

坐上去发现并没有响,还非要故意去摇一下,让它响一下才行。直到摔到了地上,才说一句:"唉,这个凳子真的坏了。"

那有没有比试探考验更好的办法呢?

当然有!

第一个办法就是:先停下来,至少问自己三次:"为什么会有这种感觉?"

比如你突然因为他回消息变得敷衍了,就觉得对方不爱你,然后你想到的第一件事就是去试探对方是否爱你。

你抛出一个试探考验任务,他刚好完成,你放心了。然后你再抛出另外一个任务,他没完成,你又焦虑了。

这样不就把事情搞复杂了吗?而且一直试探考验下去,真的能够让你一劳永逸地舒服吗?不能吧。

最终你还是要来解决核心问题的,到底对方的什么行为,让你产生了他不爱你的感觉？去挖掘自己到底为什么会出现这个想法。

这里分享一下向自己提问的三个方向：

出现这个想法的时候，对方正在做什么？

唤醒了自己的什么感受？

这种感受之前是否有过？

通过灵魂三问后，也许你就会发现，原来是他的不回消息的行为，唤醒了你被抛弃的恐惧感。

也就是说，他并没有不爱你，他只唤醒了你被抛弃的恐惧感而已。

还记得前面我说过，焦虑来源于不确定性，当你能找到自己的焦虑来源时，它就成了确定性。焦虑就能得以极大程度的缓解，你的大脑也能恢复理智。

第二个办法比较简单粗暴，就是：你想干吗，你就直说。如果你们已经确定关系了，最好不要进行试探考验。

之前突然流行起"秋天的第一杯奶茶"，有个读者就很受用，觉得这个提法特别浪漫。自己也想喝秋天的第一杯奶茶，于是在聊天过程中，就各种暗示，试探男朋友。比如说口渴了，或者说好想喝奶茶，甚至直接发秋天的第一杯奶茶的表情包。

可是无论怎么暗示，男朋友都无动于衷，她就绝望了，完全没意料到对方会是这个反应，感觉男朋友根本不爱自己，对自己人冷漠了，于是来问我怎么办。

我说简单啊，直接告诉他你要喝秋天的第一杯奶茶呀。她觉得暗示了那么多次，男朋友肯定不想买，现在还发，会不会太掉价？

我就说:"他知不知道都不一定呢。"半信半疑之下,她发一句说:"我想要喝秋天的第一杯奶茶。"

男朋友回了一句让她蒙圈的话:"什么东西?"

她震惊:"你不知道这个梗?"

一顿解释后,男朋友才说:"你不是知道的嘛,我最近一直都在学习备战考研,从早到晚都在刷题,哪有时间刷手机,朋友圈我都关了。"

哭笑不得。

其实大家很容易忽略最简单的道理,房子坏了无非就是两个选择:

1. 换个房子;
2. 定位问题,加固房子。

你明知道房子随时要塌了,你还非要在里面这里敲一下,那里打一下,你不亲眼看到它塌了就不安心是吧?

控制欲太强了怎么办?

我一直在强调的观点是:在亲密关系中,一定要避免出现控制的行为。一般来说,什么场景之下,会比较容易出现控制行为呢?

对方不合自己心意的时候,就会比较容易出现控制行为。比如:

他总是不回消息,我想控制他乖乖回我消息。

他总是在打游戏,我想控制他不打游戏,多陪陪我。

她最近总是和异性朋友聊天，我想控制她删了异性朋友的联系方式。

控制行为本身，也算是一种应对矛盾的办法。唯一不好的是，这个办法会导致结果难以实现，同时会让对方体验极差。

最终能够通过控制手段来收获一段和谐感情的案例，在我的咨询生涯中，目前还没遇到过。那么有没有一个既能达到理想结果，又不会出现控制行为的办法呢？

相比控制别人，我更推荐引导别人。大家从小到大，肯定对"引导"这个词不陌生，比如我们要引导学生好好读书，引导坏人向善之类的话。

可是我们遇到矛盾的时候，为什么还是本能地使用控制的手段，而不是引导的手段呢？因为这个跟同理心有关。

控制，是我想要你乖乖听我的话。主体是"我"，我想要怎么样，就要怎么样。

引导，是我通过一些行为干预，让你主动地觉得，你要去做某件事，而某件事恰恰是我也希望的事情。主体是"你"。

你妈妈为了你好，强迫你吃青菜，这是控制。

你便秘了很痛苦，你妈妈告诉你，多吃青菜就不会便秘，你上网查了一下，还真的是，于是你心甘情愿吃青菜，这是引导。

我女朋友曾经和我讲过一个她的经历，以前她是一个懒得吃水果的人，觉得很麻烦。

后来有一次，她妈妈说，吃圣女果有美容的效果，半信半疑之下，她上网查了一下，发现真的有美容效果。

她本身也是一个爱美的女孩子，所以就开始主动买圣女果吃了。到了现在，圣女果成了她最爱的水果之一，每次在超市看到很漂亮的圣女果，她都两眼发光。

引导的本质是，通过某些干预，让你心甘情愿地去做我希望你做的事情，没有任何逼迫的行为存在。

为什么引导会比控制更加有效呢？

这里我们先来理解一个概念：一个人能不能做成一件事，取决于两个因素，能力和意愿度。

我想去腾讯公司上班，很想很想的那种。但是，我的能力不够，人家不要我。所以我没办法去。这就属于，我有很强的意愿度，但是我的能力不够。

女朋友想吃我做的焖鸡翅，我也会做，并且做得很好吃。但是我觉得太麻烦了，又准备材料，又要提前腌。最后她还是没吃成我做的焖鸡翅。这就属于，我有能力做好这件事，但是我的意愿度很低。

而引导的出发点是让我自己想要做一件事，控制的出发点则是你想要我去做一件事。在能力一样的情况下，肯定是自己想要做的事情，意愿度更高，会做得更好。

所以当你还在抱怨对方为什么总是不听你的话时，不妨想想，他是意愿度低，还是能力低呢？

说了那么多，具体我们要如何做到引导呢？

在开始教大家之前，我们一定要先明确一件事：对方是否明确知道我们的诉求了。很多小伙伴会觉得，这不废话吗？我都表现得那么明显了，还有不知道的？

有一对谈了八年恋爱的情侣，还没结婚。有一天，女生回家后跟男生说："同事小雪今年才二十五岁，她男朋友就跟她求婚了，还送她一张超级软的沙发，好羡慕。"

男生想了下，突然跟女生说："亲爱的，我懂你意思，等我。"

于是女生心想，这么多年了，这个木头终于开窍了。正当女生满怀期待地等着男生求婚时，这个男生竟然给女生送了一张小雪同款沙发。

这就是我一直强调要直接沟通的原因，如果是因为对方不清楚你的需求，而没有做到你期望的行为，你只要直接表达出来，就可以解决问题了。

本来好好沟通就能够解决的问题，你还非要去想如何引导，这不就是把事情给搞复杂了吗？

回过头来，当我们明确了对方是知道自己的需求，但是因为某些原因，不太愿意去干的时候，该如何引导？

我的答案是，培养动机。

我们知道，对方不愿意干，无非就是意愿度太低了。而意愿度太低就是因为动力不足。所以核心要点就是，我们要培养别人做一件事的动机。

而培养动机的关键在于，要让对方明确知道，做了这件事之后，会有收益。

我不愿意吃蔬菜，妈妈告诉我吃蔬菜可以解决便秘问题。收益就是不再便秘，动机就是通过吃蔬菜摆脱掉便秘的痛苦。于是我就愿意吃蔬菜了。

女朋友想吃我做的焖鸡翅，她只要承诺吃完后她负责收拾和洗碗，那么我的意愿度就会高很多了。

你想让他陪你逛街，他不愿意。为什么呢？因为逛街对他而言很无聊，没什么收益。

这个时候，你可以在逛街的时候，给他买一个好用的鼠标，一个炫酷的键盘。

又或者可以告诉他，今天陪你逛街，晚上回家后，好好帮他按摩。

这个时候，他就会觉得，陪你逛街这件事，做了之后是有收益的，那么他就有动力了。前期你可以多付出一点儿心思，先让他培养成习惯。

等习惯形成后，你就不用花费那么多的精力了。就跟滴滴打车一样，一开始用非常低的价格吸引你来使用滴滴，等你习惯了用滴滴打车之后，你就离不开它了，它就可以升价来赚钱。

最后我要说明下，方法只是提供另外一种可能性，并不保证百分之百有效。具体还是因人而异，但引导至少比控制要好一点儿。

如何让一个人心甘情愿为你改变？

我在之前的文章中，强调过无数次，任何人都不喜欢被改变。那么我们如何能够做到让一个人心甘情愿地为你改变呢？请先思考一下：

你的伴侣很懒，不爱干家务活，你希望他可以多帮你分担一下家务，你打算怎么让他听你的话做到呢？

有的小伙伴会直接要求对方帮忙分担家务活，还有的小伙伴可能会不说话，忍了。但是自己的内心就一直在骂，在抱怨。还有的小伙伴甚至会直接生气，发怒，然后吵架。最后对方被迫只能做家务了。

大家会发现，以上的处理方式当中，总会有一方是不舒服的。

比如，你要求对方做家务，对方不愿意。你不舒服了。如果对方愿意了，你虽然舒服了，但是对方不舒服了。总会有一个人不舒服。无论是你，还是对方，不舒服的那个人，必然会积累怨气。

其实上面的这个例子当中，我想要指出的一个问题是，直接的要求，是没办法让一个人心甘情愿为你改变的。最有效的办法是，影响。

首先我们先来区分一下，改变和影响，给人的感觉有何不同。

改变，给人的感觉是，不允许。我要求你改变，潜台词就是，我不允许你现在这个样子，你得有点儿变化，换个样子。

比如，我的女朋友之前会跟我说，换个穿衣风格好不好，你的穿衣风格太幼稚了，不成熟。我当时一口回绝了。可能从她的角度出发，是为了我好，觉得成熟的风格会更加适合我。但是到了我的耳朵里，我感受到的是，她不允许我现在这样穿，她想要控制我，我就会很反感。

而影响，给人的感觉是，我允许你这样。我不会要求你做任何事情。很接纳，没有控制的意味在里面。

还是上面的案例，我的女朋友应该如何来影响我的穿衣风格呢？答案是，不要管我。不要在意我的任何穿衣风格，也不要对我要求什么。

比如出门逛街的时候，即使她打扮得很精致，我依旧是比较随意的风格。也不要对我说什么，依然让我陪着去逛街就好。

为什么要这么做呢？这里涉及让一个人心甘情愿为你改变的办法。我来分享一下给你们。

第一步：允许，给对方自己改变的时间和空间。

无论对方做什么事情（前提是没有踩到你的底线），你都允许对方去做，允许让他犯错。不要去给对方任何的建议。即使你知道他的行为马上就会犯错，你也不要给他任何提醒。只管让他去做。

这是为了给对方建立一个被允许的环境，在这个环境中，对方可以无压力地进行自我检验和修复。

我之前楼下的一对夫妻，女生刚拿到驾照，每天下班回到家的时候，她都很痛苦，因为要自己倒车、停车。这个对一个新手司机来说，并不是一件容易的事情。所以她每天都会多花十五到二十分钟的时间去倒车。

一开始我以为她的老公并不知道，后来我才发现，原来每次倒车的时候，她的老公一直在外面看着，就这么看着她慢慢停车，一次都没有帮过她倒车。

我觉得她的老公，情商真的很高。如果换作其他人，肯定就会自己上手，帮老婆停好车，然后再补一句，这么简单的事情都做不好。相信每个新手司机在辛苦地倒完车之后，听到这么一句话，心里肯定对倒车就更加恐惧了。

说回我楼下的夫妻，最后，女生在她老公的注视下，只花了一周的时间，倒车技术已经越来越好了，现在只需要花三分钟，就能倒好车了。从头到尾，她的老公什么也没做，就这么看着而已。

第二步，强化，给对方的改变增强回路。

"增强回路"是什么意思呢？这个其实是一个循环，就是事件 A 会导致结果 B，然后结果 B 会反过来增强事件 A。这样子只要不断地产生结果 B，事件 A 就会自动变得越来越强了。

举个例子，你减肥的时候，看到体重瘦了一斤，你就会很开心，很有动力，动力反过来增强你减肥的决心，减肥的决心增强后，你的体重会瘦得更加厉害。最后，你就减肥成功了。

运用到亲密关系中，道理也是一样。在第一步中，你已经允许了对方的行为。对方可能会经过一段时间后，自己发生改变，也有可能很久都没有改变。这个时候，就需要我们的介入了。

比如，你的老公晚上总是不习惯刷牙，因为他很懒，所以晚上都是直接就去睡觉了。不刷牙就是他的舒适区。除非他牙痛得厉害，否则他绝对不愿意主动去刷牙。那这个时候怎么对他进行强化的操作呢？

晚上做一顿比较油腻或者比较塞牙缝的夜宵给他吃。吃完了之后，他大概率就会刷牙了。当他刷牙的时候，千万别说那种什么"哎呀，铁树开花了，你也懂得刷牙了"之类的讽刺性的话，这种话只会让他以后更加不爱刷牙。

你要做的是，鼓励他，奖励他。比如："哇，你今晚竟然主动刷牙了，很棒！待会儿刷完牙之后，进来房间，给你一个惊喜。"

这个逻辑，其实跟训练狗狗的道理是一样的（这里并没有任何歧视，仅仅是举例子），你要让狗狗举手，那么你喊举手之后，在它举手的时候，就立刻给它好吃的，不举手就不给。久而久之，它的潜意识中，就会觉得，举手，就有好吃的。然后它看到你的时候,或者你下指令的时候,就会疯狂地举手了。

掌握了这个原理,运用到跟伴侣相处的过程中,也是一样适用。

对方为什么不喜欢跟你聊天?

曾经有个女生找我咨询,说男朋友最近越来越少找自己聊天了,刚开始谈恋爱的时候不是这样的,会一直找自己聊天,他是不是没那么爱了。

然后我问她:"你们聊天频率是怎么样的呢?"她告诉我,几乎一有时间,都在聊天。吃饭在聊,上班在聊,睡觉前也在聊。

听到这里,我再追问一句:"他现在回复是不是特别慢,字数也很少,很敷衍了?"她频频点头。我继续追问:"你是不是最近总是指责他回复很慢之类的话?"她也点头了。

看到这里的小伙伴肯定会以为,这个男生肯定是不爱了,才会变成这样。其实真相并不是这样,真相很简单,也很真实。

答案是:这个男生害怕和她聊天了。

为什么呢?聊天频率太高了。经历再丰富的两个人,也经不住这样不间断地聊天。到最后一定会没话聊的,这不是爱不爱的问题,是真的没有那么多东西可以聊。

<mark>当这个男生经历多次长时间的这种没话硬聊的状态后，他就开始恐惧和这个女生聊天了。</mark>毫不夸张地说，只要这个男生看到女生发来微信，第一反应就是，害怕，紧张，赶紧消除小红点。

当女生发过来一句"我今天看到一个好有趣的段子……"时，男生看到的不是有趣的段子分享，而是即将要开始一段无休止、无意义的聊天了。

这个时候，女生的微信消息，在男生的大脑里形成了信号：她要来找我闲聊了，快跑。

你可以回忆思考一下，对方变得回复越来越慢的时候，是不是你们没话硬聊的状态越来越多。所以说，这根本不是爱不爱的问题，是聊太多了。

那么怎么办呢？当我们知道了对方是因为害怕长时间无意义的聊天，而变得不主动不积极，我们就可以对号入座去处理。

首先，对方害怕的是长时间无意义的聊天，我们要做的并不是去让自己的聊天变得有趣，而是要切断时间长度，我们要自己主动结束话题。

通过这个行为来修正对方大脑里面对你的错误认知，让对方觉得，你并不是一个一直纠缠着他聊天的人，你也是会主动结束话题的。

其次，要学会鼓励对方每一次的主动，来强化他找你聊天的这个习惯。他主动找你一次，你就奖励他，他就会知道，主动找你聊天，有好处。慢慢地就会形成正向循环，最后在他大脑里形成一个认知：找你聊天会有好处。

具体实操我举个例子。

正在聊天的时候，你可以主动和他说："宝宝我今天太累了，不说啦，你去玩游戏吧，我自己眯一会儿。记得想我，不然我拔你网线。"相信我，男生看到这句话的时候，一定会很开心。

当他主动找你聊天的时候，你甚至可以主动切断聊天，告诉他："我现在正在跟闺密聊天了，宝宝乖，自己去玩游戏吧。有机会再宠幸你。"

你可以在他主动找你的时候，鼓励他："宝宝，你竟然主动给我发消息了，好惊喜，见面了我要给你一个大大的吻。"

就是通过无数次这样的"主动切断+鼓励聊天"去修正他大脑中对你的错误信念。只要修正过来了，你的烦恼也许就变成了，如何让对方少一点儿找我聊天了。

伴侣总喜欢说谎，怎么办？

大家在面对说谎这个行为的时候，基本反应都是嫌弃、厌恶，因为说谎这个行为损耗你们彼此的信任。

但是大家有没有思考过，为什么有人总喜欢说谎呢？说谎骗人是一件费心费力的事情，你需要去虚构一件不存在的事情，还要思考细节的合理性。

这么麻烦的事情，为什么还有人喜欢去做呢？

我们先了解一个基本逻辑：说谎的人之所以会说谎，一定是周围的人或者环境让他感觉到了不安全。

举个例子，小朋友偷吃了饼干，被你发现了，你大声质问他："是不是你偷吃的？"小朋友很害怕地说："不是我偷吃的，是孙悟空偷吃的。"

你听了之后，更加生气了，毫不留情地拆穿他的谎言。但是你有没有思考过，他为什么要说谎？

因为小朋友知道自己偷吃饼干的事情被发现了，害怕被骂，甚至被打。所以他要通过说谎来保护自己，孙悟空就是那个挡在小朋友面前保护他的人。

所有说谎的人，都是因为害怕。可能是害怕被伴侣骂，可能是害怕被别人看清真实的自己。

一个女生曾经找过我咨询，说："不理解男朋友为什么迟到这种小事都要说谎。明明是塞车了非要说自己在加班，我打电话去他公司，同事都说他已经走了。直接说不就好了吗？"

然后我就问她："以前你男朋友约会迟到的时候，你会怎么样做？"

她说："我就说他两句，让他长长记性，别总是迟到。"

很明显，在这段关系里，迟到的男生之所以会说谎，是因为他知道，一旦说真话，不安全。他害怕被女朋友再次责怪。

所以他需要用说谎来保护自己，而加班就是一个保护自己的挡箭牌，就像小朋友口中的"孙悟空"一样。

一些自卑的小伙伴，在进入亲密关系的时候，也会出现说谎的行为。比较典型的就是会在描述自己的时候，出现一些美化的话语。

比如一个对自己身材不够自信、对自己家境不够认可的人，在别人试图了解他的时候，就会刻意展示出能暗示自己热爱健身、家境富裕的事或者物。

因为他本能上非常害怕说实话，一旦说实话，别人就知道自己的身材和家境不够好。为克服这种恐惧，他就会编织一个理想化的自己，挡在那个真实的自己前面。

小时候，我的爸妈总是吵架，所以我都是和别人说，我的爸爸总是如何如何调侃我的妈妈，我对外极力营造出一副家庭和美的假象出来。

因为我害怕别人知道我家里总是吵架，就不跟我玩了。

无论是偷吃的小朋友，还是迟到的男生，抑或是对家庭不够自信的我，说谎的背后都藏着一个极度没有安全感的自己，而能够保护自己的也就只有说谎了。

言归正传，如果你的伴侣总喜欢说谎，该怎么办呢？

你有三个处理办法：

第一，指责他，并且威胁他，下次不要再说谎了，不然就分手。这个处理办法是大多数人的常规手段。

但是这种办法，只会使对方说谎的习惯恶化。因为指责、威胁这些行为，都是在增强对方的不安全感。他越觉得不安全，就越会说谎，最终事与愿违。

第二，真心接受不了说谎这个毛病，选择分手。如果说第一个办法是双输局面，那么这个办法就是单赢局面。

最后，要么是你摆脱了说谎的伴侣，但是也承受了失去伴侣的痛苦；要么是对方摆脱了一个不安全的环境，再也不用承受说谎带来的压力。反正最终只有一个人获益。

第三，制造一个安全的表达环境，改造你们的相处模式。

找到对方不安全感的来源——可能是你的指责，也可能是社会道德的压力，等等，关闭他的不安全感来源，提供一个安全的环境给他表达，让他知道，说真话并不会发生什么可怕的事情。

PS：一脚踏两船的，骗财骗色的，遇到这类说谎的人呢？赶紧分。

别拿"迁就"当成包容

在感情中，很多人认为自己的迁就是一种包容和付出，这是因为没有搞清楚迁就和包容的区别。

包容是心甘情愿的一种理解，偏主动。
迁就是迫不得已的一种妥协，偏被动。

举个例子，你和男朋友吵架了，然后他不说话，冷暴力。这个时候你怎么办呢？

比较常见的应对方法是，先情绪化表达自己的不满，然后用分手来威胁。发现对方无动于衷，然后自己因为害怕失去对方，从而开始妥协，主动求和。最后双方和好。

在这个过程中，你认为自己是包容对方，实际上，你是在迁就对方。

因为你没得选，你害怕失去男朋友，所以迫不得已选择妥协，委屈自己。不然的话，自己就要承担失去男朋友的风险。

整个迁就的过程中，你是心不甘情不愿的，你也不理解对方为什么要对你冷战，因此心中都是不满和委屈。

而真正的包容应该是怎么样的呢？

我知道你是因为原生家庭的问题，学习了这种冷战的应激模式，所以会出现这种冷战的行为。

我能理解你，为了让我们的感情不破裂，我愿意主动妥协自己，来结束冷战。

我的妥协，是为了让我们暂时能够冷静下来去好好沟通，而不是一直处于一种无法沟通的状态。

我可以选择不妥协，然后放弃你的，但是因为我还喜欢你，我愿意为了这段感情再努力一下。

整个包容的过程，是心甘情愿的，不会有任何的怨念。

包容可以让你们的感情更加和谐，但是迁就只会慢慢蚕食你的感情。我最担心的是，很多人总以为自己的迁就，是一种包容。

其实我非常反感迁就这种行为，在我看来，迁就跟讨好是同一性质的。只有当对方权力比你大的时候，你才会出现迁就行为。

在职场中，往往都是员工迁就领导的，极少情况是领导去迁就员工的。因为领导比员工更有权力，不需要领导自己去妥协而得到一些东西。

在感情中，往往也都是弱势的一方更容易迁就强势的一方，因为对方在这段感情中的话事权比你大，你需要通过迁就来维持这段感情。

在雇佣关系中，可以长时间保持这种不对等的相处模式，但是在亲密关系中，这就属于不健康的相处模式了。

因为在亲密关系中，迁就行为会带来一个问题，就是你的负面情绪在不断积累，因为每一次迁就你都是委屈自己。

当积累到了一定程度后，就会开始爆发，然后指责对方："我迁就你那么多，你为什么不能包容我一点点呢？"

很多找我咨询的小伙伴都会问我一个问题："为什么总是我来主动改变，而对方却什么都不干就能享受一切的成果？"这就是典型的把迁就当成了包容。

最后，你所积累下来的负面情绪，都由你的伴侣来承担，事实上，没有几个人能够承受得了这种程度的负面情绪，最终只会演变成分手收场。

那么在感情中，要如何区分自己是不是在迁就呢？

你就看自己是否能够理解对方的行为，自己做这个决定是否心甘情愿，看看自己的内心是否有类似"如果我可以，肯定不会×××"的想法出现。

比如你们的感情出现了问题，你来找我咨询，我教了你解决方案。你听了之后，觉得自己可以接受这种应对模式，你心甘情愿去干，那么你就能够说自己是在包容对方。

如果你听了我的解决方案后，觉得心里不舒服，满脑子都在想凭什么。但是呢，你因为害怕失去这段感情，又迫不得已让自己顶着不舒服的感受去改变自己。一旦有这种想法，你千万要停下来了，因为你这个是在迁就对方。迁就状态下你是没办法做好这件事情的，你的内心时刻都充满着不满情绪。

这些不满情绪会在你们相处的过程中，一点儿一点儿溢出来，变成情绪化的行为。最终只是延迟了这段感情的破碎，却不能终止它的破碎。

你可以包容对方，你也可以放弃对方，但是千万别迁就对方。更重要的是，别把迁就当成包容来要挟对方。

对象做错事，有没有必要去惩罚？

最近咨询中，不少小伙伴提及一个问题：对象做错了事情，犯了错，要不要去惩罚他？

对于这个问题感到困惑的人挺多的，所以下面我打算展开来聊一聊。

给大家分享一个应对这种事情的决策思考链路。

首先，在思考所有"为什么"之前，先问问"是不是"。"对象做错事"，这个认知本身就是一个非常主观的想法。所以你得确认是不是真的"做"错了，还是你单方面地"认为"错了。

比如，有的人会觉得，不回消息对自己而言，就是对方做错了，然后就要去惩罚，这样做肯定会出问题的。

因为对方不一定把不回消息当成一件错事，人家也许觉得不回消息是一件正常的事情。

我做一件正常的事情，你为什么要惩罚我？你的"惩罚"不但起不到惩罚本身的作用，反而会引起别人的反抗心理。

所以第一步，得先确认双方对于对错本身的理解，是否一致。

不然你认为是错的，对方认为很正常，那么这种沟通就白搭。假如双方对于对错的理解不一致，那么请先同频。

有一位读者，她认为过节就应该给对象送礼物、发红包。她自己也做到了。逢年过节，都会送上合时宜的礼物或者红包。

但是她的男朋友并没有，她就会怀疑，是不是男朋友不在意自己，不然为什么无动于衷。

然后也来问我，说："男朋友做错了事情，要不要去惩罚一下他？"

当我听到这个问题时，我给了她一个反馈："先不着急去思考惩不惩罚的问题，我们先来思考下，你男朋友是否意识到自己做错了？"

她愣了一下，对我说："我真的没有想过这个问题，我是不是太先入为主了？"

值得高兴的是，她很早就能感知到，两个人对于对错的理解不同频了。后续只需要通过沟通来让对方知道，自己不送礼物的行为，会对我这位读者产生什么影响就够了。

第二步，当两个人对于对错本身同频了，那么就可以来谈一下，是否要去惩罚的问题了。

首先我们要看对方的犯错行为，是否超过了自己的底线，超过了关系的底线。

如果没有超过底线，只是一些很小的习惯性犯错，比如像约会偶尔不小心迟到这种，就轻轻罚一下就好。

<mark>目的在于让对方知道，我很在意你犯错的点，但是我又不会太过于委屈你。</mark>

你可以这么说："你这次约会迟到了，害我等你这么久，

这次我就惩罚你给我买一杯奶茶好啦。"

就这样小小地"惩罚"一下即可，或者你还可以"惩罚"他今天要亲你二十次，今天要背你五分钟，等等。

对于这种不涉及底线的犯错，就趣味性地惩罚一下即可，既不会让对方觉得你这个人太软，也可以避免让整个惩罚过于严肃，最重要的是可以让对方体面地意识到，你对于对方某些犯错行为，是很在意的。

但如果是超过底线的犯错行为，那又不一样了。

像有的人对于跟异性的边界感比较敏感，而对象半夜十二点还跟女同事聊微信，还笑嘻嘻的。

在你们双方都知道，和异性过于模糊的边界感会给你们关系造成伤害的前提下，对方依然这么做了。

这个行为就属于超过底线的犯错行为了，你就需要去惩罚一下，最好是掉块肉的惩罚。

并不是真的让对方掉一块肉，而是这个惩罚本身，具有一定的代价，而非不痛不痒的惩罚。

举个例子，我发现你跟女同事暧昧不清了，你自己也意识到错误，那么我就惩罚你一下，让你给我买个最新款的iPhone。那么下次他想要去暧昧的时候，就会去掂量掂量，自己是否负担得起最新款的 iPhone 了。

当然也不一定非要买最新款手机，总之一定要让惩罚的程度高于犯错本身的成本。

我教大家去如何惩罚，并不是贪图物质，或者通过惩罚去满足自己的控制欲望。大家一定要搞清楚，惩罚的目的并不是发泄自己的情绪，而在于让对方知道，自己犯错的成本是什么。这样对方下次才不会再犯。没有犯错成本的犯错，有可能会不断重复出现的。

对象的手机到底能不能看？

电影《完美陌生人》中，有一句台词，"相爱没有那么容易，每个人有他/她的手机"。感情中很多问题都经常一不小心就被手机给暴露出来。

下面我们来聊聊关于该不该看对象的手机这件事，如果你产生过想要看对象手机的想法，我建议你好好看完这篇文章。在此之前，我们先来看看两个小故事。

第一个故事是我读者的一个亲身经历，她跟男朋友谈了两年，其间感情都不错。唯一让她觉得奇怪的是，她男朋友的手机永远都是静音状态，吃饭的时候也总是屏幕朝下。

因为他们的感情不错，所以她也没多想，也从来不会去翻他的手机看。但是有一天，她的男朋友突然联系不上了。

直到打电话到男朋友公司后，才发现原来她的男朋友在老家是有老婆和孩子的。联想到他之前对于手机的保密程度，我的读者终于明白，原来自己是"被小三"了。

看完这个故事后，是不是觉得，应该得看对象的手机，不然对方骗了自己都不知道。

我们接着来看第二个小故事。这是一个关于我自己的故事。我个人的态度呢，是不喜欢被对象看自己的手机，因为这种感觉就像是被扒光了衣服在游街示众一样。但事实上呢，我的女朋友是可以随时查看我的手机的。这是我自愿给她看的。那么既然我不喜欢被别人看我的手机，为什么我依然选择给她看呢？

因为我知道，她是没安全感才看我的手机。如果我非要坚持自己的态度，只会让她更加没安全感。所以我干脆顺势而为给她看，随时想看就看。

看了两年，到现在，她看我手机的频率从之前的每天都会看，到现在的一个星期也不会看一次。因为她每次看，都看不到影响她安全感的事情，久而久之，她就会觉得查手机这件事，可有可无了。

从道德角度来说，每个人都有自己的隐私权，我们不该看别人的手机。但是从我上面说的两个故事来看，我们似乎又必须看对象的手机，不然会出什么麻烦事情。

那么到底该不该看呢？其实我们不应该纠结在该不该看这个问题上，而是回归到为什么会产生"该不该看对象的手机"这个想法上。

表面上看，这是个该不该看手机的抉择问题，本质上，这是一个情侣之间的信任问题。当你冒出想看对方手机的想法时，说明了你们的感情已经出了信任问题。

这个时候，无论是看还是不看，都只会让问题发展到更加严重的地步。

你看了，如果发现一些猫腻儿，最终会引发矛盾，然后导致分手；如果你看不出一些猫腻儿，这会让对方心生不满，觉得你不够信任他。

你不看，你的好奇心就会一直发酵，直到你做出更加影响关系的事情为止。

一千个读者就有一千个哈姆雷特，就像我前面说的两个故事一样，有时候不看，也会带来可怕的结果，看了也不一定会发生什么恐怖的事情。

该不该看对象手机这个问题我没办法回答你，每对情侣的情况都不一样。但是当你心中有了"想要看对象手机的想法"时，我可以告诉你该怎么做。

直接当面告诉对方："我最近突然产生了一个想要看你手机的想法，因为我觉得最近你的行为让我很没安全感，我知道看手机这件事解决不了问题，反而还会让你对我失望，所以我想和你聊聊。"

然后看看对方的态度，同时你也要具体说说，对方是什么行为让你没有安全感。最后如果对方愿意配合你，那皆大欢喜。如果对方不愿意配合你，那也能从侧面说明一些问题。

只有通过这种沟通方式，我们才能跳开看不看手机这个表面问题，直击本质的信任问题，进行高效沟通，而不是停留在两个人争吵能不能看手机的层面上。

别人的手机查看权这件事，始终都是属于别人的，不会因为你是女朋友、老婆，你就能越过这层权利。

更为尊重的方式应该是，询问手机的当事人，告诉对方，我为什么想看你的手机，看看对方能否接受和体谅你。

该不该看对象的手机，不应该是我说了算，也不应该是社会道德标准说了算，而应该是手机拥有者说了算。

吃醋是一种高级撒娇

下面这些经历有没有很熟悉的感觉？

看到男朋友和女同事聊得很投入，然后阴阳怪气地质问："你俩很熟吗？"

发现男朋友帮别的女生开瓶盖，心里不爽，然后拒绝了他的帮忙并且自己默默开了一瓶饮料。

当男朋友在自己面前夸别的女生时，自己会心里委屈，然后轻描淡写地说个"哦"。

以上都是感情中会出现的吃醋场景。

我发现在感情中，大家面对吃醋的时候，会有两个表现：

第一，很忌讳表现出吃醋的样子，因为这会让人觉得自己很小气，显得自己的需求感特别强，所以会习惯性地避免吃醋情绪的外露。

第二，丝毫不隐藏自己的吃醋情绪，最后搞得对方非常压抑，自己也后悔不已。

一直以来，大家对吃醋的认知都是错误的。我想告诉大家的是，吃醋是一种能够提高感情亲密度的方式，它是一种撒娇的方式。

只不过大家阴错阳差地将吃醋这种奖励性行为，改写成了惩罚性行为。

可能大家会好奇，吃醋也算得上奖励？还真的是，因为通过吃醋这个行为，可以让对方获得价值感。能够通过一个人的行为来获得自己的价值感，这本身就是一种奖励。

工作上做好了一个项目后，你被领导夸奖，被同事钦佩，被下属仰慕，这些事情是不是会让你很愉悦呢？这就是价值感的价值所在。

而通过吃醋这个行为，是可以让对方获得价值感的。

为什么这么说呢？因为吃醋这个行为是占有欲的一种表现。你吃女同事的醋，无非就是女同事的某些行为，威胁到了你对男朋友的所有权。

占有欲会让你的对象产生两种感觉，分别是：被需要和被控制。

当一个人感受到被需要时，他会获得价值感，这会让他想和你亲近。

就好像你在谈恋爱的时候，发现男朋友会吃一些小醋，这个时候你的内心会窃喜，觉得这小子挺在乎自己。

因为你感受到了他对你的需要，也让你的潜意识在告诉你，你是有价值的，价值感就这么来了。

但是当一个人感受到被控制时，他就会获得压抑感，想要远离你了。比如一个男生和你说："你是我的，你只能跟我说话，不能跟其他男生说话。"

这个时候你会想逃离他，因为你觉得他很变态，想要控制你，这种被控制的恐惧，会让你本能地远离他。

所以吃醋的核心就在于，要让对方产生被需要的感觉，而不是被控制的感觉。

那么问题来了，被需要或被控制，这两种感觉的产生到底受什么所影响呢？答案是：你的目的性。

如果你吃醋仅仅是为了享受吃醋这个行为本身，那么对方产生的便是被需要的感觉。比如你觉得最近生活太单调了，于是想着通过吃醋来调戏一下他，活跃下气氛。

如果你吃醋是为了达到某种目的，那么对方产生的便是被控制的感觉。

比如你觉得他和女同事走得太近了，你不喜欢，于是你通过吃醋这个手段，来限制对方的社交范围。

所以，我们只享受吃醋的过程就好，不过于追求结果。但是具体怎么做呢？我有三点实操技巧分享给大家。

第一，寻求认同，就是在某些事或者某些人上，追求他对你给予等额的认同度。

在他玩游戏不理你的时候，你可以撒娇地说："亲爱的，手机有我好玩吗？"在他夸某个女明星嘴巴好看的时候，你可以假装生气地说："我的不仅好看，还甜呢，你要试试吗？"

第二，寻求唯一性，就是在他生活中的某些事情上，寻求特权。

比如你发现他跟朋友说晚安的时候，你可以说："晚安不能随便说的哦，晚安是说给亲密的人听的。以后你只能对我说，好吗？"

第三，当下有效，意思就是你的整个吃醋过程，无论是承诺还是要求，只是当下有效，过后作废，不能强制对方执行。

比如你说，只能对你说晚安，无论他是否答应你，吃醋过程结束后，你就说一句："逗你玩的啦。"事后他能做到，你就奖励他；他做不到，你就当没发生过。

这三点，搭配使用，而不是分开使用的。无论如何，时刻要谨记：只享受吃醋过程，不追求吃醋结果。

平稳期

知根知底，踏入平稳

一段长久的感情，应该是两个人都舒服

有个读者问我，说他在感情里，总害怕女生生气，于是唯唯诺诺。女朋友很讨厌这样，但是他的想法是，要以大局为重，凡事多忍一下。

那么忍一时，真的会风平浪静吗？我的观点是，并不会，忍着只会暗流涌动。

一段感情想要长久，得有个前提，就是两个人都舒服开心。只要有任何一个人不舒服了，最终结果一定是两个人都不舒服。

举个例子，一个父亲在公司受到了老板的批评，回到家后，就把沙发上跳来跳去的孩子臭骂了一顿。孩子心里窝火，狠狠去踹身边打滚的猫。

猫逃到街上，正好一辆卡车开过来，司机赶紧避让，却把路边的孩子撞伤了。这就是心理学上著名的"踢猫效应"，描绘的是一种典型的坏情绪的传染所导致的恶性循环。

运用到关系中就是，只要在一段关系里，你发现对方有让你不舒服的地方，你选择忍让了，你觉得自己忍着就是保护这段感情，事实上并不是在保护感情，因为忍让就会积累坏情绪，坏情绪最终会传染到对方身上。

这个是相互传染的，对方感染了你的坏情绪后，还会传递回你的身上。最终这些坏情绪会在你们的关系中来回传染，不断累加坏的程度。

在家庭中也一样，这种坏情绪就会传递到亲人身上。很多找我咨询的夫妻都是这样，一开始只是两个人之间的矛盾问题，因为两个人没有内部消化掉，彼此的消极情绪都传染到了各自父母的家庭中。各自的父母都以为自己的子女受了委屈，最终从一个家庭的小问题，升级成了三个家庭的大问题了。

我们都知道这种不舒服的情绪很危险，那么这种坏情绪到底是从哪来的呢？

亲密关系中这种不舒服的情绪，更多是来源于压抑。

很多人可能会觉得，他稍微对我上心一点儿，体贴一点儿，我也不至于这么生气。其实这个只是期望不同而已，期望的背后是两个人的认知差异问题。

认知差异不是问题，问题是意识到了认知差异后，选择了压抑这种对差异的不满。

以前小时候，很多同学喜欢在桌子上刻上一个"忍"字，这也多少能体现出，我们大多数家庭教育中，对于来自外界压力的处理方式，更多是压抑。

其实只要表达出去，就不会有压抑了。但是很多人不愿意，不敢，也不懂表达，觉得自己不应该有坏情绪，对于消极情绪有羞愧心理。

这种羞愧心理会让你变本加厉地压抑自己的消极情绪。

压抑的具体表现就是，你没有把自己的感受放在第一位，觉得自己有坏情绪这件事，是羞耻的。你有情绪，你有想法，但是你不能通过无伤的方式排解出去。

俗话说，男儿有泪不轻弹，可我就是有泪，控制不住。一个小朋友，想哭了就是想哭，还能怎么办呢？如果大家一直告诉他，你不能哭，但是无论他怎么克制眼泪，最终眼眶总是忍不住模糊。

这种无论再怎么努力也做不好的体验，就会形成一个观念：反正我怎么做都做不好，既然做不好，就不要去面对事实了。

最终就会选择压抑，这种压抑会让你不舒服。你不舒服了，这段感情最终会让大家都不舒服。

怎么办呢？一定要把自己的感受放在第一位，这是一个老生常谈的话题，但是很多人都理解错了。

把自己的感受放在第一位这件事，并不是说我在感情中爽就行了，这不是把自己的感受放在第一位，这是自私。

很多人误以为是，要求对方百分之百听自己的话，对自己百依百顺，这的确很爽，但这就是控制了。

你不可能保证永远控制别人，手机那么听话都会有死机的时候，何况一个活生生的人。

真正把自己的感受放在第一位的意思是：你知道自己的坏情绪是合理的，并不是病，不会选择压抑它。

你敢于为了自己的感受和诉求去争取点儿什么，你不爽了你会表达出来，而不是让自己一直爽，不顾别人的感受。

举个例子，过七夕情人节，你的伴侣给你送了一条项链，你并不喜欢。

不把自己的感受放在第一位：虽然不喜欢，但还是笑嘻嘻说好喜欢这条项链，强颜欢笑。

把自己的感受放在第一位：还是不喜欢，但是笑嘻嘻说，喜欢对方给自己送礼物，并且再强调，如果这份礼物是香水，那就更加开心了。

前者就属于违背了自己的真实感受，选择忍了。后者属于为自己的感受和诉求去争取，明确说明了自己会更喜欢香水这份礼物。也没有直接违背自己的意愿说喜欢项链，说的是喜欢对方给自己送礼物这个行为，避开了对礼物本身的评价。

一段感情里，如果两个人都把自己的感受放在第一位，那么两个人都敢于为自己的真实感受去争取，你们在争取的过程中，就是真实碰撞摩擦的过程。

相信我，只要你体验过一次这种感觉后，就会发现比相互猜疑、相互忍让的感觉舒服几万倍，那完全是另一种人生体验。

如何作而不死，越作越被爱？

曾经有一个男生找我咨询，特别经典，忍不住和你们分享。

他跟我说："我的女朋友特别作（zuō），我还不能说，一说她就反驳我，说我不够爱她，不能包容她。心好累。我爱她，但真的想分手，怎么办？"

我就问他："她是怎么个作法？"

他就说："每晚都必须和她视频通话，但是又没啥话题聊，来来回回都是生活上的事情。聊多了真的没意思了。但是又必须视频，又没话讲。很尬。还不能不视频，一旦说不想视频，就是不爱她，搞冷暴力。我特别累，真的想分手。"

这又是一段典型被作死的感情。

俗话说，小作怡情，大作伤身。小作就是有效的作，而大作就是无效的作。

有效的作，既可以达到你的目的，又能作为感情的润滑剂。而无效的作，就像温水煮青蛙，慢慢地把对方的耐心给消耗没了。

所以下面我会教大家如何有效地作。

我们先来定义一下，到底怎么样才算是"作"。我对"作"的理解是，没事找事。好比上面的案例，女生非要拉着我的读者视频通话，即使没话说，也要视频通话。

这就是没事找事。那么可以没事找事吗？可以。

下面我就从心态和操作两个层面上，去教大家如何没事找事。

心　态

一个核心的认知点，就是作是一种享受过程，而不追求结果的行为。

怎么理解呢？就是你享受的是整个作的过程中那种有趣、美妙的掌控感，而不是为了达到某些目的。

悲哀的是，很多人都反过来了，企图用作这种行为去获得某些结果。

举个例子，你的男朋友在家里加班，而你非常无聊，想让他陪陪你。然后你就开始作，想各种办法吸引他的注意力。

搭话，帮他按摩，甚至调戏他，这些行为都是没问题的。

这里有一个关键点是，你只是在享受"搭话，帮他按摩，甚至调戏他"这个过程，最终让他亲一口之后，还是会让他继续去加班，这就是把局面控制在了小作上了。

但是如果你企图通过"搭话，帮他按摩，甚至调戏他"来让他陪你，无论如何，都要他放下工作不加班，必须陪你，甚至又哭又闹，这就是把局面发展到了大作上了。

你会发现，大作和小作的区别就在于，你是追求结果，还是享受过程。真正有效的作是，享受作的这个过程，至于结果是否如愿，已经不重要了。

操 作

再说说操作层面的细节。

第一点，小作的过程中，你要控制好你的频率，比如上面的例子中，就是作了三次而已。

第一次作是搭话，第二次作是按摩，第三次作是调戏。点到为止，不能太多，也不能太少。倒也不是说非要三次，关键你要看对方的反应，如果第二次的时候，对方已经不耐烦了，你就要停下来了。如果第三次的时候，你发现他还是挺享受的，你就继续加多几次也无大碍。

第二点，作的过程中，要注意体验问题。就是你作的行为，给对方的体验得好。让对方体验好的行为就是那些会让对方受益的行为。

比如前面的例子当中，按摩，调戏，都是会让他很开心的；如果你穿得更性感一点儿，开心程度就更高了。

其实很多人都喜欢作，但是问题在于，很多人不会作。也许你的初衷是好的，但是不会通过正确有效的办法去释放，始终是事倍功半，严重的甚至会把对象给作没了。记住，感情中并不是不能作，而是要懂得有效地作。

亲密关系中，真正的信任从何而来？

曾经有个小伙伴找我咨询，是关于信任的问题。因为之前自己在亲密关系中容易作，容易情绪化，导致了她的老公对她的信任越来越低了。

于是她来问我："扎南老师，我想让他重新信任我，要怎么办？"

这个问题很有意思，一个人的提问方式是能够体现她的思考方式的。如果你也觉得这个问题很合理的话，则说明了你对"我信任你"这四个字的认知还不够深。

很多人认为"我信任你"是一个行为，实际上它是一个结果。它是你做到了很多正确的事情后，所收获的一个结果。

你是无法要求对方对你信任的，你只能管理自己"可被信任"的行为，来提高自己的可被信任的程度。所以你能理解我为什么说她的问题很有意思了吧。

正确的问法应该是："我该如何让自己更容易被他人信任一点儿呢？"这个时候，你的思考方向将会从对方身上转移到自己的身上去。

这个是一个关于信任的基础认知，但是只有认知还不够。我们是可以通过有目的性地做一些事情，来获得别人的信任的。

在分享如何做之前，我们先来分析一下，信任是怎么构成的。其实信任也有公式的。

信任公式，来自著名的麦肯锡公司。它将如何赢得信任这件事，整理出来了：

$$T = (C * R * I) / S$$

T = Trustworthiness 信任程度
C = Credibility 可信度
R = Reliability 可靠度
I = Intimacy 亲密度
S = Self-orientation 自我中心的程度 自私的程度

它包含了信任四个元素，分别是：可信度、可靠度、亲密度，以及自我中心的程度。看着很迷糊对吧，我将每一个元素翻译成大白话给大家理解。

Credibility 可信度

可信度就是你的行为可预测性，行为可预测性越高，你的可信度就越高。什么是行为可预测性呢？就是你说的话，跟做的事，是不是一致的。

你说你今年十八岁，但是身份证一看，二十八岁了。这个时候对方的大脑就会觉得你这个人不好预测，不知道你接下来会干什么，这就是不信任。

大脑天生就是习惯规避风险的，远古时代不会规避风险的祖宗都活不下来。但当大脑认为你的行为不好预测时，就等于告诉大脑，你是有风险的。

Reliability 可靠度

这个应该比较容易理解，顾名思义，可靠度就是你这个人可以不可以被依靠。那么大脑是如何判定你这个人的可靠度的呢？分为资质和能力。

资质就是你的各种头衔、经历。比如你想给你的孩子找个补习班老师，一个是刚刚毕业的师范生，一个是儿童教育专家，拥有十年教育经验的人。

大多数人都会选择后者的，这也是为什么很多销售的名片都是"客户经理"。

能力就是你的语言、行为上的外在体现。比如一个胖子和一个浑身肌肉的人都自称是健身教练，你会更加信任哪个人呢？

无论胖子多会推销，最终大多数人都会选择肌肉小哥，因为他那一身的肌肉就是最好的证明了。

Intimacy 亲密度

这个比较简单，就是你们的关系亲密程度，越亲近，越信任。你会发现，无论一个销售跟你吹得多厉害，都不如朋友的一句"我有个不错的产品，介绍给你呀"来得有效。

这就是亲密度的信任，无论你的可靠度和可信度多高，只要差距不是特大，你都会被亲密度给秒杀掉的。

Self-orientation 自我中心的程度

最后一个是自我中心程度，翻译成大白话就是自私程度。这个是跟信任成反比的，也就是说，你这个人越自私，就越不值得被信任。

以上就是信任公式的讲解，当我们知道了信任的构成，根据公式，我们只需要提高可信度、可靠度以及亲密度，然后降低自我中心程度即可。

那么具体要怎么做到呢？

1. 提高可信度就是提高你的可预测性。最简单的办法是，找到一件你能够持续不断做好的事情，然后坚持一辈子，如早起、健身、不迟到。只要开始了，就每次都做好，不能中断。

比如我是一个不迟到的人，无论是朋友聚会，还是女朋友约会，我宁愿早到，都不会迟到。这个习惯从我懂事之后一直坚持到现在。

无论是谁，只要是涉及时间上的事情，都会非常放心地交给我去做，因为我的行为具有可预测性，信任也就有了。把简单的事情坚持做好，就是一种可信度的表现。

2. 提高可靠度就是提高你的能力或者资质。比如工作上你有什么头衔，你都可以让大家知道。你有什么擅长的东西，也可以展示出来，这一块比较容易理解，就是去提高自身素质即可。

提高亲密度的方法有很多，我之前的文章也介绍过，比如简单的肢体接触，告诉对方自己的一个弱点，或者是让对方为你做一些帮忙的小事，甚至是可以聊聊童年和感情经历这些深层次内容。

斯坦福大学 MBA 班有一门学习建立亲密关系的课程。一开始老师让学生们自由聊天，泛泛而谈一些不重要的话题。后来学生们开始谈论自己的感情经历，虽然不一定是爱情，最后学生们谈论自己内心的隐秘，结果都要哭了，这时候全班同学都建立了非常亲密的关系。

3. 降低自我中心程度，就是降低自己的自私程度。虽然说人都是自私的，但是至少你别去做索取价值的行为，比如我让你给我送礼，但是我就是不回礼，因为我觉得你应该送我礼物。

起码要做到价值互换，就是你让我开心了，我也会反过来为你提供情绪价值，比如你帮助了我，我就会请你吃饭。

如果能做到"利他"就最好，就是你做任何事情之前，都要想着，"我能为别人提供什么好处"。如果你实在没头绪，就从最简单的事情做起，多请一些你认为很重要的或者是比你厉害的人吃饭。这就是最简单的利他行为了。

上升期

螺旋上升，成为真正的伙伴

如何让一个人离不开你？

每个人都有选择的权利。我可以选择你，我也可以选择其他人。爱情的本质是吸引，吸引的本质是价值。吸引本身，只是给对方一个选择你的理由，但并不是只选择你的理由。

那么到底什么才是只选择你的理由呢？不可替代性价值。

怎么理解呢？比如你喜欢一个人的善良，但是这个世界上总会有比对方更加善良的人存在。那么善良本身，就是可替代性价值，因为别人也能做到。

不可替代性价值就是，比如你的倾听能力很强，你很懂对方的每一句潜台词。每次对方和你聊天，都能感觉到被理解。

这种能力，需要经过了解的过程，和自身的倾听能力过关。所以，这个世界上，除了你，没有人更懂他了。这就是不可替代性价值。因为除了你，其他人几乎不可能做到。

那么如何建立这种不可替代性价值呢？办法有很多。我先分享其中一个。

通过帮助对方成长起来，让你们之间建立起很深的情感连接。

比如师生情为什么那么普遍？正是因为老师这个角色，帮助学生发生了改变，让学生变得更好，成长起来了。所以学生跟老师之间的情感连接，是很深厚的。

比如我现在的女朋友。前半年在一起的时候，也是一样，吵架不断。到了如今，感情已经非常融洽了。我们做了什么事情呢？其实在后面的时间里，我们经历了很多，比如我惹上了官司，在她的帮助下，虽然过程很坎坷，我们一点儿一点儿去收集证据，上网查怎么写起诉状，辩论过程需要注意什么。最后，我们胜诉了。

整个过程中我们没有请律师，仅仅依靠我们自己。通过这次胜诉，我自己本身得到了成长，学习到了很多法律的知识，知道了如何运用法律去维护自己的利益。正是这个过程，让我们之间建立起了很深的情感连接和默契。这个情感连接，没有任何一个女生可以替代她。

再比如，我现在的朋友，其实是在工作中认识的。工作中，我会认识很多同事，为什么单独和他做了朋友呢？因为我们同属一个部门，岗位上又是相辅相成的状态。一起熬过夜，一起完成过业绩；一起经历过痛苦，也一起经历过辉煌。

通过这种形式建立起来的友谊，不是一般同事可以比拟的。并且在这个世界上，这种情感是专属于我们两个人的。如果想要打破这个情感连接，则需要连接更强、印象更加深刻的经历来打破。

你会发现，很多电影、电视剧的套路也是如此。一开始，男主角、女主角两个人就像死对头一样，随着剧情的发展，往往他们会一起经历一些有难度的事情，并且最后凭借着两个人的努力，克服了困难。男女主角最后各自获得了一些成长，同时，爱情也开始萌芽。

所以，如果你想追求一个人，我建议你可以和对方一起去完成一个有难度的目标。即使最后没有在一起，你也因此收获了一些成长。

如果你们夫妻生活过于平淡，我建议你自己去学习，并且掌握一个技能，然后再去教给你的伴侣，帮助对方成长起来。

这让我想起了一句话：好的爱情是让两个人变得更好。这句话跟我的观点不谋而合。

如何拉近两个人之间的心理距离？

临近过年，很多找我咨询的小伙伴都是那些因为要过年，就各自回家的小情侣。因为没有了地理层面的陪伴，感情就出问题了。

其实在亲密关系中，这种情况也挺常见，两个人见面的时候很热情，分开了之后就感觉不对劲。

看起来似乎只要两个人能够待在一起，就能克服所有的问题一样。

事实真的是这样吗？其实相比于物理距离，更重要的是心理距离。

比如你看到坐在旁边的同事生病了，你会担心他的健康吗？就算会，也不是很急的那种，顶多就寒暄几句，你肯定不会着急到要帮这位同事挂个号，然后请假陪他去看医生，对吧？

同样地，如果你老家的妈妈也生病了，比如胃不舒服，是不是妈妈生病，会让你更加着急呢？你是不是会想方设法请假带妈妈去看病呢？

为什么会这样呢？虽然你跟妈妈的物理距离很远，但是你跟妈妈的心理距离更近。同事虽然就在你身边，但是你们之间的心理距离肯定不如你跟妈妈的那么近。

而那些因为物理距离而产生矛盾的关系，本身的心理距离也不会太理想。

本质上来说，物理距离的变化，暴露了本来就存在的心理距离不足的问题。

现在很多人处对象都有一个误区，就是过度在意物理距离，特别是热恋期，恨不得二十四小时都让对象在自己的可见范围内。

其实相比于物理距离，两个人应该更注重去建立彼此之间的心理距离。那么如何拉近两个人的心理距离呢？分享几个办法给大家。

第一，暴露脆弱。

你不妨回顾一下你和好朋友之间的经历，你们关系变得更好，是因为你升职了吗？因为你创业成功了吗？我相信大多数人都不是的。

更多是你在某个朋友面前暴露过自己的脆弱，又或者两个人一起经历了某些困难阻碍，在克服这些困难的过程中，都有机会见到了彼此柔软脆弱的一面，从而建立起了更牢固的关系。

你买了车买了房，不一定会跟朋友的关系更加亲密，但如果说，刚好你生了孩子，朋友也生了孩子，你们能相互倾诉彼此在养小孩这方面的烦恼，那么关系就会更加亲密一些。

暴露脆弱的过程可以让对方觉得，你是信任他的，否则你不会随便在他面前暴露脆弱。你敢暴露脆弱，说明在你心中，这段关系是安全的。

我在大学的时候，有一次失恋了，去朋友的学校玩儿。然后喝了点儿酒，情绪上来，我就跟他倾诉起来。因为担心吵到他的舍友睡觉，我们搬着席子到宿舍的天台上聊天，然后喝酒痛哭一顿，就在天台上睡着了。天亮之后，可以非常明显地感觉到，我们的感情更好了。

第二，多叫对方的名字。

我觉得大家可以培养一个社交小习惯，就是在跟任何人交流的时候，尽可能地去称呼对方的名字。

一个人的名字是自我的具象化呈现，多叫对方名字，可以让对方体会被看见的感觉。

比如以前上班的时候，有一次领导让我帮忙做一件事的时候，可能因为当时卡壳，突然忘记了我的名字。领导直接就说："那个谁，帮我弄一下×××。"

当时听了之后，我就觉得特别不被尊重，感觉你怎么连我叫什么都不记得了。

而另外一位女同事则让我印象深刻，因为她每次说话，或者发微信的时候，都会在一句话的前面，先称呼我的名字。其他人一般有事情就是直接说事，或者用"你"。

事实上，在一群同事当中，我也的确跟这个女同事的关系比较好。有零食吃的时候我也会想起帮她拿一份。

第三、一起完成一件事。

两个人如果有机会一起去完成一件有点儿难度的事情，可以真正体会到两个人在同一阵线去面对外部困难的同盟感，有利于加深感情。

又比如玩游戏本身，也可以建立同盟感，很多人打《王者荣耀》或者《英雄联盟》这种需要团队合作的游戏，很容易就打出感情来，就是这个原因了。

分享一个高质量陪伴的实用建议

自从回家过年后，我陪女朋友聊天的时间明显减少了。我基本每天不是在接待亲戚，就是在去亲戚家拜年的路上。

两个人之间的空间和时间都减少的情况下，小矛盾就特别容易出现。

不仅仅是我自己，微信上很多小伙伴也遇到了这种情况。

比较典型的就是，放假回家了，空间陪伴不了，自然就会希望有更多的时间陪伴。但是客观情况又不允许有额外的时间来陪伴，自然就会闹出各种各样的矛盾。

其实这种只要分开了就喜欢追求时间陪伴的习惯，来源于一个认知误区：

<mark>大多数人都习惯用陪伴时间的长度来判定陪伴质量的高低。这个认知其实不对，并且还会造成相反的效果，陪伴了反而出更多问题。</mark>

举个例子，很多人和伴侣互动过程中，特别痴迷一种形式，就是聊天，而且是事无巨细地聊，今天干了啥，吃了啥，恨不得开个直播间二十四小时同步给对象。

不仅上班要聊，下班了还得抽时间待在一起，周末放假两个人也要待在一块儿。

表面上看起来，两个人在相互"陪伴"对方的时间都延长了很多，但是有没有因此感情更好了呢？

经历过的小伙伴都懂，不仅没好，反而更坏，最终两个人往往就是变得没话题聊，最后变得越来越冷，越来越尬聊。

甚至到了后期，对方开始报复性对抗，不仅态度更加消极，还开始玩消失。为什么会这样呢？

<mark>因为当一个人追求时间的长度时，注意力就都盯在了任务完成进度上，也就是陪伴了多少个小时，但是怎么陪伴，就不需要思考了。</mark>

是不是能够聊开心，能够共鸣也已经不重要，重要的是完成任务。

而且客观上的确陪了几个小时，但是过程感受不到开心呀，你就感觉对象像完成任务一样。

如果因此还去指责对方，人家还会觉得，"我都陪你这么久了，你还说我，还要求我让你开心，真是欲求不满"。

很多矛盾就是这样发生的。

真正优质的陪伴是什么？时间当然也很重要，但是时间和质量之间并没有很强的相关性，不是说时间越多，质量越高。

<mark>真正优质的陪伴是，能够融入对方的世界当中。</mark>

同等时间下，你能够进入对方世界的程度越深，陪伴质量就越高。反之，如果你完全没有进入对方的世界，哪怕你陪了一整天，质量也很低。

举个例子：

爸爸 A 花了半天时间，坐在沙滩上玩手机，然后盯着自己的孩子一个人在玩泥巴。结束回家后，爸爸 A 还感叹今天真累，孩子也吐槽今天真无聊。

我们再来看看爸爸 B，他特地上网买了一个挖掘机模型，到货了之后，拉上自己的孩子去小区楼下，两个人用挖掘机模型挖了一个坑，用时一小时。走的时候，两个人恋恋不舍。

你觉得，哪位爸爸的陪伴质量更高呢？

明显就是爸爸 B 了，因为他才是真正融入了孩子的世界当中，花时间去买了挖掘机，然后陪孩子一起挖土，而不是坐在边上玩手机。

怎么融入对方的世界？有两个办法：第一，经历过；第二，马上做。

<mark>你想要融入对方的世界，要么你经历过别人所经历过的事情，如果没有经历过，那么最好马上就开始做起来。</mark>

比如陪女朋友看韩剧这件事，低质量的陪伴就是，她看她的，我待在边上玩手机。这个属于没有融入她的世界，只是单纯的物理距离陪伴。

而高质量的陪伴就是，她看韩剧，我加入进来一起看，真正被剧情所感染，一起讨论剧情，分享自己对男主角和女主角的感受。而不是只会说："不就是爱情肥皂剧吗？有啥意思？我去看美剧。"

两种方式都合理，并不是攻击哪个方式不好、不合理。哪怕是低质量陪伴，至少也是陪伴。只是说，大多数时候，如果能够做得更好，自己也愿意去做的话，不妨尝试一下新的体验。

你们收获了新的体验，也有了一段专属于你们的追剧回忆，何乐而不为呢？

其实相比于那些二十四小时都要腻歪在一起的伴侣，有时候那种各自有自己的生活和娱乐，但是每天又能抽半个小时来聊聊自己一天的经历和感受的夫妻，会更加长久一些。

让关系越来越亲密的秘诀：参与感

最近有个新感悟：参与感，是建立情感连接的重要一环。

前一阵子女朋友的身份证过期了，补办之后，一直没送过来。于是她就想着上网查一下新身份证的进度。

可是她查了好久都没有查到，于是就跟我吐槽了一下：怎么这么难查的？我就问她怎么回事。了解完她的情况后，我就说，我也去查一下。接着我就回到电脑边上，去搜索解决方案。

最后发现，我们所在的地区暂时不提供查询功能。这个事情就不了了之了。后来我思考了一下这个过程。如果当时我听到了她的吐槽后，直接对她说一句："你去百度一下吧。"那么我就错过了一次跟她建立情感连接的机会。

可能会有小伙伴觉得，这点儿小事能建立啥情感连接？千万不要小看这点儿事，情感连接从来都不是一下子就建立起来的，而是靠两个人在生活中，一次又一次共同经历、共同解决一些事之后所建立起来的。

很多找我咨询的来访者当中，往往都是在关系中一次又一次收到这些：

"你去百度一下吧。"

"你去问下别人吧。"

"你自己试试看吧。"

推开式关心之后，变得越来越失望，导致关系逐步"崩盘"。

什么是推开式关心呢？就是在别人希望得到关心时，用了看似在关心，实则在推开的方式。

比如我女朋友跟我吐槽，怎么那么难查。假如我的回应方式是："你去百度一下就知道了。"这个就属于推开式关心。

她跟我吐槽了，我完全不回应肯定也不行，但是觉得麻烦，不想参与进来一起去面对这个问题，于是我就用让她去百度一下这种说法。看起来有了回应，不是完全不管不顾。但我传递给女朋友的感觉就是：我不想参与她这个很麻烦的破事。这会让她在这段关系中体会到孤立无援。

经常会有小伙伴跟我倾诉一类烦恼，就是没办法帮伴侣做到一些事，解决一些烦恼，从而感到没有价值，很痛苦。

其实大可不必给自己过高的要求，对方遇到了困难，遇到了阻碍，你只需要参与到这个事情当中去，就足够了，并不需要完完全全帮助对方克服这个困难。你能够参与进来，对伴侣而言，至少能够感知到你的存在，知道你有和自己一起在面对问题。

也就是说，只要你本人参与进来，就能够给伴侣能量和信心了。

比如我会周期性出现创作瓶颈，然后整个人就会特别烦躁。这个时候我女朋友就会给我点一杯我特别喜欢喝的鸭屎香柠檬茶。

这对我而言，她就算是参与进来了。我在面对创作瓶颈时，很烦恼，她给我点杯柠檬茶，稍微舒缓了我的烦躁，其实真的就够了。

我并不会真的需要她来给我提一个解决方案，或者帮我走出创作瓶颈，都不需要，只需要在我快要撑不住的时候支持我一下就行。

这比什么鼓励"你要加油哦"，都好用一百倍。

又比如，我在做饭的时候，手忙脚乱时，我并不需要有人来解决我的手忙脚乱，这个时候，只要有个人帮我拿一下锅铲，我就心满意足了。

我认为，这些生活小细节当中一次又一次的"参与"，会不断编织出一张深度情感连接的大网。

这张大网会让我充满信心地觉得：我可以无后顾之忧地往前走，因为我知道身后有人在支持我。

有了这个认知，我们变得亲密无间

这是在我心中为数不多，我觉得如果不早点儿知道就会后悔的一个认知。

每每想起这个认知，我总有一种恐慌感，假如我还不知道这个认知，我的感情之路会艰难很多。

这个认知自从我运用到了人际关系中，我发现很好用，它总能让我们的亲密关系可以保持亲密无间的沟通。

这个认知是怎么来的呢？这要从我大学时期说起，那时候我有个舍友，我很喜欢和他玩，有啥事都喜欢跟他聊天、交流。

我自己是个内向的人，几乎很少会喜欢跟某一个人进行交流的，大多数时候，我独自一个人思考时，会更加舒服愉悦。

但唯独这位舍友不一样，只要我看到他的脸，就会忍不住想要把当天的事情跟他分享，这种感觉真的很少有。

我开始分析，我为什么唯独对他有这种安心感。我发现自己面对他的时候总会有一种预期：我说什么都好，他都会笑嘻嘻接下来。

而几乎每次我找他说话，他的回应基本符合我的预期。那么这个预期是怎么来的呢？这来源于刚认识时，我们的交流体验。

我发现，无论我跟他说什么都好，他总会积极回应我。这个积极并不是你所想象的那种热情，没那么夸张，更多是一种正向回应。

怎么理解正向回应呢？我举个例子，小时候我自己攒了压岁钱买零食吃，还满心欢喜分享给我妈的时候，她就责怪我不好好吃饭，只知道吃零食。

这其实就是一种负向回应，这种回应导致了我长大后吃零食或者吃外卖时，都是尽量躲起来吃，不让她发现。

因为在我的潜意识当中，只要被发现，我就会被一顿责怪。

这种负向回应积累足够多了之后，只要一件事我个人觉得跟我妈沟通起来很费劲的时候，我会选择糊弄过去。所以我很少跟我妈妈有深入的沟通。

为什么我要说这个事情呢？因为这个沟通模式也适用于谈恋爱，我从我舍友身上学会了一件事。

如果我想跟某个人进入亲密关系，想要让某个人愿意跟我分享、聊天，那么我就要学会正向回应。

那么具体如何正向回应呢？我新总结了两点。

第一，听别人的废话。

倾听也是一种回应，特别是听废话。很多人会觉得，废话听了没啥意义，就不想听。废话本身确实没有意义，但倾听废话的过程很有意义。

举个很简单的例子，假如你天天跟我分享你今天干了啥，吃了啥，上班发生了什么有趣的事情。

我听到后，就说："你这个好无聊，别讲了。"又或者我也不回应你，直接转移话题。这个时候你还愿意再跟我说话吗？

我女朋友上班的时候也经常有很多的怨气，她回来也会经常跟我吐槽。其实很多都是鸡毛蒜皮的小事，要么就是负能量的事情。

但我要么重复她的鸡毛蒜皮小事，要么跟她一起骂领导。其实这个过程没啥信息交流的，就是纯属两个人在说废话。

但也因为这样的废话，她也总愿意跟我说话。我们也几乎不会存在没有话题的情况，因为在她的预期中，她自己说啥我都会给回应的。

第二，忍住纠正别人的欲望。

这一点我相信很多人是忍不住的，特别是看到别人犯一个你曾经犯过的错时，肯定会忍不住想要告诉对方别这么干。

怎么理解呢？说白了就是，你得学会看着别人去犯错。这一点我以前做得特别不好。

比如我在做心理自媒体这一块是有自己的经验的，也有一些新手同行会经常来跟我交流，而很多新手同行遇到的问题，我其实都是经历过的。

每当这个时候，我就忍不住告诉对方，你要怎么怎么做，你不能怎么怎么做。在我沾沾自喜觉得帮助了别人的时候，我突然发现，已经没人找我交流了。

而现在我不会这么做了，无论他们提什么想法跟我交流，我的第一反应一定是认可，哪怕对方马上要做的事情，我已经做过了，并且效果不好，我也不会劝对方别去干，而是直接顺着对方的思路说，你这个想法可以尝试看看。

当我这么表达的时候，反而别人就很喜欢跟我交流了。后来我才理解，大多数人跟你交流想法，并不是想让你纠正的，而是想听到认可。

我知道这个点可能会有点儿反常识，这不就是眼睁睁看着别人掉坑里吗？是的，只能这么干。（影响生命或前途的事情还是要纠正的。）

因为大多数时候，你纠正了，劝了，别人还是要去掉坑里的。坑该掉还是掉，你还被人埋汰了。

所以现在，除非是直接的求助，否则我不会轻易去纠正别人。自从不"帮助"别人后，别人反而更喜欢我了。

每当这个时候，我就忍不住告诉对方，你要怎么怎么做，你不能怎么怎么做。在我沾沾自喜觉得帮助了别人的时候，我突然发现，已经没人找我交流了。

而现在我不会这么做了，无论他们提什么想法跟我交流，我的第一反应一定是认可，哪怕对方马上要做的事情，我已经做过了，并且效果不好，我也不会劝对方别去干，而是直接顺着对方的思路说，你这个想法可以尝试看看。

当我这么表达的时候，反而别人就很喜欢跟我交流了。后来我才理解，大多数人跟你交流想法，并不是想让你纠正的，而是想听到认可。

我知道这个点可能会有点儿反常识，这不就是眼睁睁看着别人掉坑里吗？是的，只能这么干。（影响生命或前途的事情还是要纠正的。）

因为大多数时候，你纠正了，劝了，别人还是要去掉坑里的。坑该掉还是掉，你还被人埋汰了。

所以现在，除非是直接的求助，否则我不会轻易去纠正别人。自从不"帮助"别人后，别人反而更喜欢我了。